Big-π3을 이용한 오픈소스 프로그래밍

Big-π3을 이용한
오픈소스
프로그래밍

차병래, 차윤석, 박선, 김종원 저

GIST PRESS
광주과학기술원

서문

    미국은 빅데이터, 일본은 로봇개발, 독일은 스마트공장 설립 등 전 세계는 지금 4차 산업혁명을 준비하고 있습니다. 그에 반해 우리나라는 4차 산업혁명 경쟁력이 세계 주요국 중 19위로 다른 나라에 비해서 4차 산업혁명의 대응이 부족했습니다. 그러나 2017년 11월 정부에서 '사람 중심의 4차 산업혁명 대응 계획'을 발표하면서 조금씩 4차 산업혁명을 준비해나가고 있음을 알 수 있었습니다.

    2018년 현재 학교에서는 코딩교육 의무화가 진행되고 있습니다. 이는 인공지능, 사물인터넷, 지능형 로봇, 빅데이터 등의 4차 산업혁명 핵심 기술을 구현하는 데 코딩이 빠질 수 없기 때문입니다. 이렇듯 프로그래밍은 점점 교육의 매우 중요한 항목의 하나로 자리 잡고 있습니다.

    라즈베리파이는 다양한 용도로 사용할 수 있는 미니컴퓨터입니다. 현재 라즈베리파이 3까지 나온 상태이며 이전의 라즈베리파이 2에 비해 성능이 조금 상승하였고 Wi-Fi와 블루투스가 추가되었습니다. 무엇보다 Wi-Fi의 추가는 어느 장소든 Wi-Fi가 접속되어 있다면 라즈베리파이를 사용 및 조종할 수 있음을 의미합니다.

    많은 사람들이 라즈베리파이로 코딩교육을 포함하여 웹서버, 카메라, 슈퍼컴퓨터, 사물인터넷 프로그래밍 등 매우 다양한 용도로 사용하고 있습니다. 그리고 가격이 일반 PC와 비교하여 매우 저렴하기 때문에 적은 돈으로 프로그래밍 공부를 할 생각이라면 라즈베리파이를 적극 추천합니다. 우리는 라즈베리파이를 활용하여 리눅스 기반 OS 및 다양한 오픈소스 프로그램을 설치 및 사용하는 방법을 배울 것입니다. 여기서 리눅스란 윈도우와 같은 OS의 하나로 소스 코드가 공개되어 있는 오픈소스 소프트웨어로 프로그래머에게 필수불가결이라고 할 정도로 중요한 요소입니다. 이 책을 보면서 리눅스 공부를 한다면 더욱 좋은 효과를 볼 수 있을 것입니다.

    이 책은 각 오픈소스 프로그램의 기초 부분만을 다루었기에 쉽게 접근할 수 있으며 전혀 모르는 사람도 따라할 수 있도록 제작했습니다. 그중에서도 서버 쪽에 관련된 프로그램이 많기 때문에 서버에 관심이 있는 사람들에게는 매우 도움이 될 것이라 생각합니다.

    이 책을 통하여 공부에 많은 도움이 됐으면 합니다. 감사합니다.

최 울 석

CONTENTS

Big-π 3을 이용한
오픈소스 프로그래밍

CAHPTER 01

Big-π 교육 키드

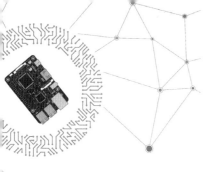

CAHPTER 01

Big-π 교육 키드

1.1 Big-π 교육 키드의 구성

Big-π 교육 키드는 다음의 표와 그림과 같이 구성되며, 라즈베리파이 2와 라즈베리파이 3 간의 특별한 경우를 제외하고는 호환에 문제가 없다.

이름	수량	비고	이름	수량	비고
Master Raspberry pi3	1		LAN케이블	4	
Slave Raspberry pi3	3		Big-π 케이스	1	
Raspberry pi 케이스	4		Micro SDHC 16G	4	
USB Multi Charger	1	5 Port	모바일 충전 케이블	4	
네트워크 허브	1	5 Port			

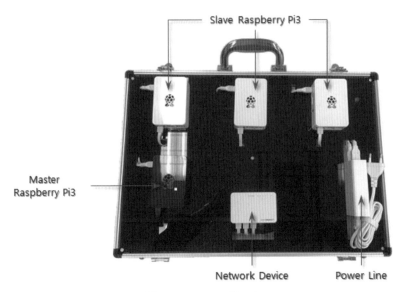

그림 1. Big-π 교육 키트

1.2 Big-π의 싱글보드

1.2.1 라즈베리파이 2

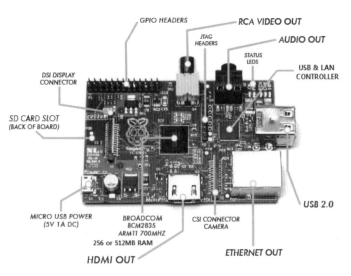

그림 3. 라즈베리파이 2를 구성하는 부품들의 기능

1.2.2 라즈베리파이 3

라즈베리파이 3의 프로세서가 라즈베리파이 2와 동일한 쿼드코어 기반이지만 32bit에서 64bit
로 변경되었다는 점과 프로세서 속도도 1.2Ghz로 높아졌고, WiFi와 Bluetooth 모듈이 기본 내장되
어 있다는 점이 장점으로 부각되고 있다.

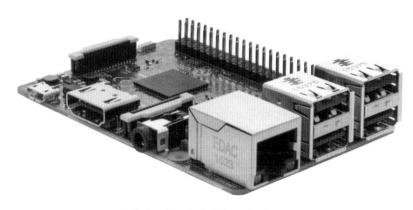

그림 4. 라즈베리파이 3의 실글보드

항목	라즈베리파이 3	라즈베리파이 2	라즈베리파이 B+	라즈베리파이 A+	라즈베리파이 제로
프로세서	**BCM2837 64Bit QUAD Core**	BCM2836 / 32Bit QUAD Core	BCM2835 / 32Bit Single Core		
그래픽	**Videocore IV**				
속도	**1.2 GHz**	900 MHz	700 MHz		1 GHz
메모리	**1GB SDRAM @ 400 MHz**		512 MB SDRAM @ 400 MHz	256 MB SDRAM @ 400 MHz	512 MB SDRAM @ 400 MHz
저장장치방식	**MicroSD**				
USB 2.0	**4x USB Ports**			1x USB Port	micro usb
전원공급	**5V/2.5A**	5V/1.8A			
GPIO	**40 pin**				unpopulated 40 pin
이더넷	**Yes (10/100)**			없음	
HDMI	**YES**				mini-HDMI
WiFi	내장	없음	없음	없음	없음
BLE	내장	없음	없음	없음	없음
가격	**35$**	35$	35$	25$	5$

CAHPTER 02

리눅스 설치

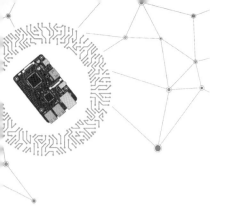

CAHPTER 02

리눅스 설치

리눅스(Linux)는 컴퓨터 운영체제의 하나이며, 그 커널(Kernel)을 뜻하기도 한다. 리눅스는 자유 소프트웨어와 오픈소스 개발의 가장 유명한 표본으로 들 수 있으며, 리눅스는 다중 사용자, 다중 작업(멀티태스킹), 다중 스레드를 지원하는 네트워크 운영체제(NOS)이다. 엄밀하게 따지면 이 '리눅스'라는 용어는 리눅스 커널만을 뜻하지만, 리눅스 커널과 GNU 프로젝트의 라이브러리와 도구들이 포함된, GNU/리눅스라는 말로 흔히 쓰인다. 리눅스 배포판은 핵심 시스템 외에 대다수 소프트웨어를 포함하며, 현재 200여 종류가 넘는 배포판이 존재한다.

초기에 리눅스는 개개인의 애호자들이 광범위하게 개발하였으며, 이후 리눅스는 IBM, HP와 같은 거대 IT 기업의 후원을 받으며, 서버 분야에서 유닉스와 마이크로소프트 윈도우 운영체제의 대안으로 자리 잡았다. 리눅스는 데스크톱 컴퓨터를 위한 운영체제로서도 인기가 늘어가고 있으며, 이와 같은 성공의 비결은 벤더 독립성과 적은 개발비, 보안성과 안전성에서 기인한다. 리눅스는 처음에 인텔 386 마이크로프로세서를 위해 개발되었으나 현재는 다양한 컴퓨터 아키텍처를 지원하고 있으며, 리눅스는 개인용 컴퓨터에서부터 슈퍼컴퓨터는 물론 휴대전화, 스마트 TV 그리고 임베디드 시스템까지 광범위하게 이용되고 있다.

2.1 Raspberry Pi의 리눅스 설치

2.1.1 라즈베리파이 운영체제

라즈베리파이의 운영체제는 공식 홈페이지(http://www.raspberrypi.org/downloads/)에서 무료로 배포하고 있다. 그리고 PC에서 우선 라즈베리파이의 스토리지에 운영체제 파일을 넣어주어야 하므로, SDcard 슬롯이나 microSD 슬롯이 있는 PC가 필요하다(없으면 설치가 불가함). 그리고 microSD 카드의 용량은 최소 8GB 이상이 필요하다. (단일 OS의 경우에는 4GB도 가능하지만, 공식 홈페이지에서는 첫 사용자에게 NOOBS를 받아서 설치하는 방법을 추천하므로, 이 책에서는 NOOBS로 설치를 진행한다.)

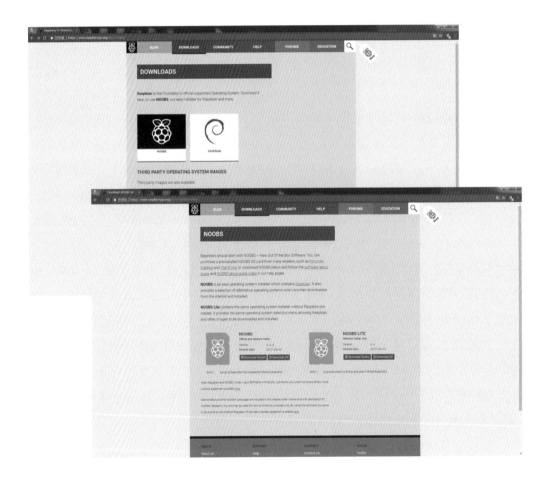

2.1.2 DOWNLOAD

다운로드 페이지에서 NOOBS offline and network install 버전의 zip 파일을 다운로드하며, 다운로드가 완료되면, 압축을 풀어준다.

2.1.3 FORMAT YOUR SD CARD

SD formatter를 사이트(https://www.sdcard.org/downloads/formatter_4/)에서 다운로드한다. 그리고 안내에 따라서 소프트웨어를 설치하고, SD 카드를 삽입하고 SD 카드의 드라이브 포맷을 수행한다.

SD Interface Devices

The following interface devices can be used to access SD/SDHC/SDXC memory cards:

- SD slot on computer
- USB SD reader
- PC Card, CardBus or ExpressCard SD adapter

Always confirm that the device is compatible with the SD, SDHC or SDXC memory card before formatting.

SD Card Formatter 4.0 for Windows and Mac

Download SD Card Formatter for Windows >
Released on January 30, 2013

Download SD Card Formatter for Mac >
Released on January 30, 2013

SD Card Formatter 4.0 for Windows User's Manual

Download the SD Card Formatter 4.0 for Windows User's Manual from the buttons below:

English (337k) Japanese (332k) Traditional Chinese (517k) Simplified Chinese (423k)

— Copyright Notice

Microsoft and Windows are either registered trademarks or trademarks of Microsoft Corporation in the United States and/or other countries.
Apple, Mac, Mac OS, Mac OS logo are either trademarks or registered trademarks of Apple Computer Inc. in the United States and/or other countries.

— Article 6 Indemnification

The Software is provided "AS-IS" without warranty of any kind, either expressed or implied, including, but not limited to, warranties of non-infringement, merchantability and/or fitness for a particular purpose. Further, Trendy, Panasonic and SDA do not warrant that the operation of the Software will be uninterrupted or error free. Trendy, Panasonic or SDA will not be liable for any damage suffered by Licensee arising from or in connection with Licensee's use of the Software.

— Article 7 Export Control

Licensee agrees not to export or re-export to any country the Software in any form without the appropriate export licenses under regulations of the country where Licensee resides, if necessary.

— Article 8 Termination of License

The rights granted to Licensee hereunder will be automatically terminated if Licensee contravenes of any of the terms and conditions of this Agreement. In the event, Licensee must destroy the Software and related documentation together with all the copies thereof at Licensee's own expense.

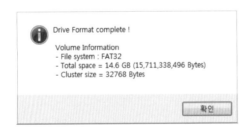

2.1.4 DRAG AND DROP NOOBS FILES

압축이 풀린 NOOBS 폴더를 포맷한 SD 카드 안으로 이동한다.

이름	수정한 날짜	유형	크기
defaults	2017-06-02 오전…	파일 폴더	
os	2017-06-02 오전…	파일 폴더	
overlays	2017-06-02 오전…	파일 폴더	
bcm2708-rpi-0-w.dtb	2017-03-17 오전…	DTB 파일	15KB
bcm2708-rpi-b.dtb	2017-03-17 오전…	DTB 파일	14KB
bcm2708-rpi-b-plus.dtb	2017-03-17 오전…	DTB 파일	14KB
bcm2708-rpi-cm.dtb	2017-03-17 오전…	DTB 파일	14KB
bcm2709-rpi-2-b.dtb	2017-03-17 오전…	DTB 파일	15KB
bcm2710-rpi-3-b.dtb	2017-03-17 오전…	DTB 파일	16KB
bcm2710-rpi-cm3.dtb	2017-03-17 오전…	DTB 파일	15KB
bootcode.bin	2017-03-17 오전…	BIN 파일	50KB
BUILD-DATA	2017-03-17 오전…	ProCore Class	1KB
INSTRUCTIONS-README.txt	2017-03-17 오전…	텍스트 문서	3KB
recovery.cmdline	2017-03-17 오전…	CMDLINE 파일	1KB
recovery.elf	2017-03-17 오전…	ELF 파일	640KB
recovery.img	2017-03-17 오전…	디스크 이미지 파일	2,598KB
recovery.rfs	2017-03-17 오전…	RFS 파일	27,452KB
RECOVERY_FILES_DO_NOT_EDIT	2017-03-17 오전…	ProCore Class	0KB
recovery7.img	2017-03-17 오전…	디스크 이미지 파일	2,667KB
riscos-boot.bin	2017-03-17 오전…	BIN 파일	10KB

폴더의 이동이 완전히 끝나면, PC에서 SD 카드를 안전하게 제거하고 라즈베리파이에 꽂아준다.

2.1.5 Raspbian 설치

FIRST BOOT

키보드, 마우스, 모니터 케이블을 라즈베리파이와 연결하고, USB 전원 케이블을 Rpi에 연결한
다. 처음 부팅이 되면, OS 리스트가 나오는데, Raspbian을 선택하고, Install을 선택한다.

　　Raspbian의 설치 프로세스를 시작하며, 이 과정은 시간이 많이 소요되는 과정으로 설치가 완료
될 때까지 기다려야 한다.

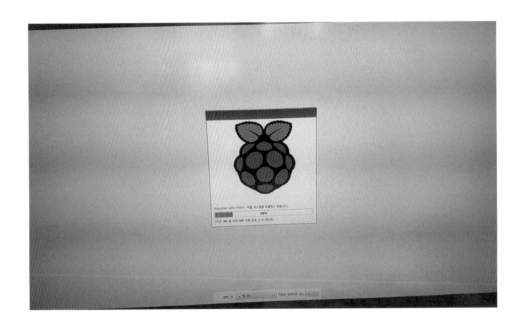

　　설치 프로세스가 끝나면 Raspberry PI GUI가 나타난다.

바탕화면 위에 보이는 작업표시줄 중 네 번째 아이콘 Terminal을 누르면 검은 터미널 화면이 나타난다. 여기서 나머지 작업을 진행해도 되고, 원격지의 윈도우 PC에서 putty를 사용해서 원격 접속 후 사용할 수도 있다. 예제에서는 putty를 사용해서 작업을 수행할 것이다.

putty를 사용하기 위해 라즈베리파이에서 설정을 해야 한다. menu에서 Preferences → Raspberry Pi Configuration 메뉴에 들어간다.

그 뒤 Interfaces에서 Putty에서 접속하기 위해 SSH의 Disable을 Enable로 변경한 후 OK 버튼을 누른다.

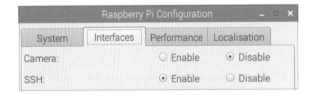

IP 주소를 모르는 경우 확인하기 위해 터미널을 실행시킨 후 ifconfig 명령어를 입력한 후 IP 주소를 기억해두자.

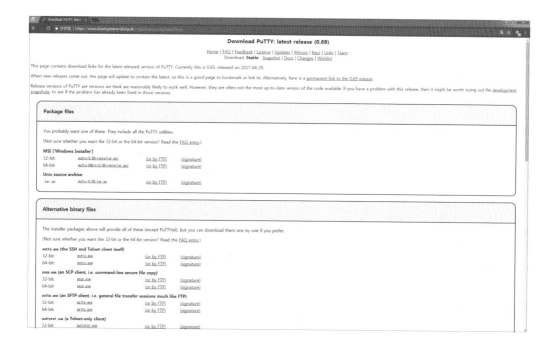

이제 라즈베리파이에서의 설정은 끝이며 원격조종할 컴퓨터에서 작업을 진행한다. putty를 사이트(http://www.chiark.greenend.org.uk/~sgtatham/putty/download.html)에서 다운로드를 수행한다.

사이트에 접속하여 홈페이지의 아래쪽에서 putty.exe를 다운받는다. 그리고 putty.exe를 실행
후, Host Name 부분에 RaspberryPI의 IP 주소를 입력하고, Open 버튼을 클릭한다.

Putty를 실행할 때마다 매번 주소를 쓰는 것이 번거로우면 즐겨찾기를 등록한다. Saved
Sessions에 즐겨찾기에 저장할 때의 이름을 입력한 후 Save 버튼을 클릭하면 다음과 같이 리스트
에 나타나게 된다. 이때 리스트의 '192.168.0.69입니다.'를 더블클릭하거나 선택한 후 Open 버튼
을 클릭하면 된다. (라즈베리파이와 putty의 공유기가 다를 경우 포트포워딩을 설정해서 외부 ip
로 접속한다.)

login as에 pi를 입력하고, password 부분에 raspberry를 입력하고 Enter↵를 입력한다. 성공적으
로 접속이 되면 다음의 그림과 같이 표시될 것이다.

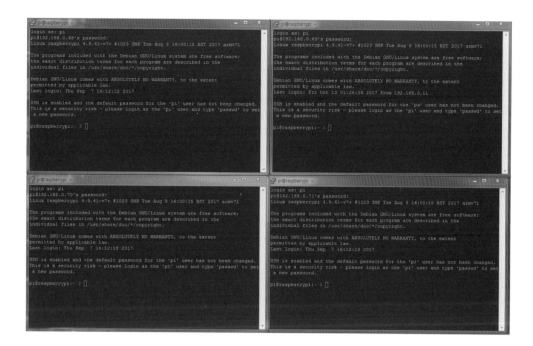

GUI 원격 접속을 하고 싶다면 tightvncserver, xrdp를 설치하고, 윈도우 원격 접속으로 접속한다.

```
$ sudo apt-get install tightvncserver
$ sudo apt-get install xrdp
```

```
pi@raspberrypi:~ $ sudo apt-get install xrdp
Reading package lists... Done
Building dependency tree
Reading state information... Done
The following NEW packages will be installed:
  xrdp
0 upgraded, 1 newly installed, 0 to remove and 7 not upgraded.
Need to get 0 B/195 kB of archives.
After this operation, 1,569 kB of additional disk space will be used.
Selecting previously unselected package xrdp.
(Reading database ... 115751 files and directories currently installed.)
Preparing to unpack .../xrdp_0.6.1-2+rpi1_armhf.deb ...
Unpacking xrdp (0.6.1-2+rpi1) ...
Processing triggers for man-db (2.7.0.2-5) ...
gdbm fatal: couldn't init cache
Processing triggers for systemd (215-17+deb8u7) ...
Setting up xrdp (0.6.1-2+rpi1) ...
Processing triggers for systemd (215-17+deb8u7) ...
pi@raspberrypi:~ $ []
```

윈도우에서 실행 → mstsc → IP 주소 입력 → 계정정보 입력

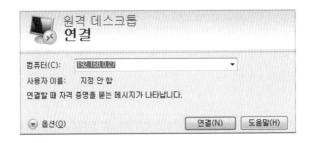

2.2 리눅스 명령어

라즈베리파이를 이용한 간단한 리눅스의 명령어를 배워본다.

- uname -a : 리눅스 시스템 정보
- uanme -r : 커널 정보
- uptime : 시스템 운영시간
- hostname : 호스트 이름 정보
- hostname -i : 호스트의 ip 정보
- last reboot : 마지막 재부팅 시간
- date : 날짜와 시간
- cal : 월별 달력
- w : 접속하고 있는 유저 정보
- whoami : 지금 접속하고 있는 유저 정보

```
pi@raspberrypi:~ $ uname -a
Linux raspberrypi 4.9.28-v7+ #998 SMP Mon May 15 16:55:39 BST 2017 armv7l GNU/Li
nux
pi@raspberrypi:~ $ uname -r
4.9.28-v7+
pi@raspberrypi:~ $ uptime
 00:32:33 up 15 min,  3 users,  load average: 0.00, 0.02, 0.00
pi@raspberrypi:~ $ hostname
raspberrypi
pi@raspberrypi:~ $ hostname -i
127.0.1.1
pi@raspberrypi:~ $ last reboot
reboot   system boot  4.9.28-v7+        Thu Jan  1 00:00 - 00:32 (17346+00:32

wtmp begins Thu Jan  1 00:00:01 1970
pi@raspberrypi:~ $ date
Thu 29 Jun 00:32:54 UTC 2017
```

```
pi@raspberrypi:~ $ cal
      June 2017
Su Mo Tu We Th Fr Sa
             1  2  3
 4  5  6  7  8  9 10
11 12 13 14 15 16 17
18 19 20 21 22 23 24
25 26 27 28 29 30

pi@raspberrypi:~ $ w
 00:33:00 up 16 min,  3 users,  load average: 0.00, 0.01, 0.00
USER     TTY        FROM             LOGIN@   IDLE   JCPU   PCPU WHAT
pi       :0         :0               00:16   ?xdm?  17.57s 0.40s /usr/bin/lxsess
pi       tty1                        00:16   16:21   0.76s 0.63s -bash
pi       pts/0      192.168.0.10     00:19    4.00s  0.77s 0.02s w
pi@raspberrypi:~ $ whoami
pi
pi@raspberrypi:~ $ 
```

- id : 활성화 중인 아이디와 그룹

- last : 마지막으로 로그인한 시스템 정보

- who : 시스템에 로그인한 유저 정보

- groupadd admin : admin으로 그룹 추가

- sudo adduser pi2 : pi로 유저 생성

```
pi@raspberrypi:~ $ id
uid=1000(pi) gid=1000(pi) groups=1000(pi),4(adm),20(dialout),24(cdrom),27(sudo),
29(audio),44(video),46(plugdev),60(games),100(users),101(input),108(netdev),997(
gpio),998(i2c),999(spi)
pi@raspberrypi:~ $ last
pi       pts/0        192.168.0.10     Thu Jun 29 00:19   still logged in
pi       tty1                          Thu Jun 29 00:16   still logged in
pi       :0           :0               Thu Jun 29 00:16   still logged in
reboot   system boot  4.9.28-v7+       Thu Jan  1 00:00 - 00:33 (17346+00:33)

wtmp begins Thu Jan  1 00:00:01 1970
pi@raspberrypi:~ $ who
pi       :0           2017-06-29 00:16 (:0)
pi       tty1         2017-06-29 00:16
pi       pts/0        2017-06-29 00:19 (192.168.0.10)
pi@raspberrypi:~ $ groupadd pi
groupadd: group 'pi' already exists
pi@raspberrypi:~ $ adduser pi2
adduser: Only root may add a user or group to the system.
```

```
pi@raspberrypi:~ $ sudo adduser pi2
Adding user `pi2' ...
Adding new group `pi2' (1001) ...
Adding new user `pi2' (1001) with group `pi2' ...
Creating home directory `/home/pi2' ...
Copying files from `/etc/skel' ...
Enter new UNIX password:
Retype new UNIX password:
passwd: password updated successfully
Changing the user information for pi2
Enter the new value, or press ENTER for the default
        Full Name []:
        Room Number []:
        Work Phone []:
        Home Phone []:
        Other []:
Is the information correct? [Y/n] y
pi@raspberrypi:~ $
```

- userdel pi : pi라는 유저 삭제

- ls -al : 지금 폴더의 포함되어 있는 파일의 모든 정보 표시

- pwd : 현재 디렉터리 위치 정보

```
pi@raspberrypi:~ $ sudo userdel pi2
pi@raspberrypi:~ $ ls -al
total 108
drwxr-xr-x 19 pi   pi   4096 Jun 29 00:16 .
drwxr-xr-x  4 root root 4096 Jun 29 00:34 ..
-rw-------  1 pi   pi   1115 Jun 29 00:16 .bash_history
-rw-r--r--  1 pi   pi    220 Jun 21 08:38 .bash_logout
-rw-r--r--  1 pi   pi   3512 Jun 21 08:38 .bashrc
drwxr-xr-x  6 pi   pi   4096 Jun 28 05:25 .cache
drwx------  9 pi   pi   4096 Jun 28 05:04 .config
drwx------  3 pi   pi   4096 Jun 28 05:25 .dbus
drwxr-xr-x  2 pi   pi   4096 Jun 21 10:11 Desktop
drwxr-xr-x  5 pi   pi   4096 Jun 21 09:26 Documents
drwxr-xr-x  2 pi   pi   4096 Jun 21 10:11 Downloads
drwxr-xr-x  2 pi   pi   4096 Jun 21 10:11 .gstreamer-0.10
-rw-r--r--  1 pi   pi     26 Jun 28 05:04 .gtkrc-2.0
drwxr-xr-x  3 pi   pi   4096 Jun 21 09:26 .local
drwxr-xr-x  3 pi   pi   4096 Jun 28 05:09 .minecraft
drwxr-xr-x  2 pi   pi   4096 Jun 21 10:11 Music
drwxr-xr-x  2 pi   pi   4096 Jun 21 10:11 Pictures
-rw-r--r--  1 pi   pi    675 Jun 21 08:38 .profile
drwxr-xr-x  2 pi   pi   4096 Jun 21 10:11 Public
drwxr-xr-x  2 pi   pi   4096 Jun 21 09:26 python_games
drwxr-xr-x  2 pi   pi   4096 Jun 21 10:11 Templates
drwxr-xr-x  3 pi   pi   4096 Jun 21 10:11 .themes
```

```
drwxr-xr-x  2 pi    pi    4096 Jun 21 10:11 Videos
drwx------  2 pi    pi    4096 Jun 28 05:25 .vnc
-rw-------  1 pi    pi      56 Jun 29 00:16 .Xauthority
-rw-------  1 pi    pi     532 Jun 29 00:16 .xsession-errors
-rw-------  1 pi    pi     532 Jun 28 23:35 .xsession-errors.old
pi@raspberrypi:~ $ pwd
/home/pi
```

- mkdir pi : pi라는 디렉터리 생성
- rm pi : pi라는 파일 삭제
- rm -r pi : pi라는 디렉터리 삭제
- rm -rf pi : pi라는 디렉터리 안에 있는 파일까지 모두 삭제

```
pi@raspberrypi:~ $ mkdir pi
pi@raspberrypi:~ $ ls
Desktop    Downloads  pi         Public       Templates
Documents  Music      Pictures   python_games  Videos
pi@raspberrypi:~ $ rm pi
rm: cannot remove 'pi': Is a directory
pi@raspberrypi:~ $ rm -r pi
pi@raspberrypi:~ $ []
```

- nano pi1 : pi1의 이름을 가진 파일 작성(Ctrl+X 입력으로 저장 및 종료)

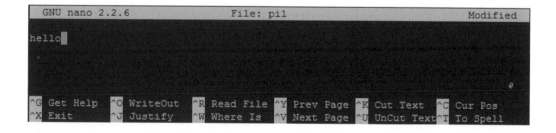

- cp pi1 pi2 : pi1라는 파일을 pi2로 복사
- cp -r pi3 pi4 : pi3이라는 폴더를 pi4로 복사

```
pi@raspberrypi:~ $ nano pi1
pi@raspberrypi:~ $ ls
Desktop     Downloads   pi1     Public          Templates
Documents   Music       Pictures python_games    Videos
pi@raspberrypi:~ $ cp pi1 pi2
pi@raspberrypi:~ $ ls
Desktop     Downloads   pi1   Pictures   python_games   Videos
Documents   Music       pi2   Public     Templates
```

```
pi@raspberrypi:~ $ mkdir pi3
pi@raspberrypi:~ $ ls
Desktop     Downloads   pi1   pi3      Public         Templates
Documents   Music       pi2   Pictures python_games   Videos
pi@raspberrypi:~ $ cp -r pi3 pi4
pi@raspberrypi:~ $ ls
Desktop     Downloads   pi1   pi3   Pictures   python_games   Videos
Documents   Music       pi2   pi4   Public     Templates
pi@raspberrypi:~ $ []
```

- mv pi1 pi3/ : pi1이라는 파일을 pi3으로 이동

- cd pi3 : pi3라는 폴더로 이동

- cd .. : 이전 디렉터리로 이동

```
pi@raspberrypi:~ $ mv pi1 pi3/
pi@raspberrypi:~ $ ls
Desktop     Downloads   pi2   pi4       Public          Templates
Documents   Music       pi3   Pictures  python_games    Videos
pi@raspberrypi:~ $ cd pi3
pi@raspberrypi:~/pi3 $ ls
pi1
pi@raspberrypi:~/pi3 $ cd ..
pi@raspberrypi:~ $
```

```
pi@raspberrypi:~ $ ps
  PID TTY          TIME CMD
 1044 pts/0    00:00:01 bash
 1524 pts/0    00:00:00 ps
pi@raspberrypi:~ $ ps aux | grep 'telnet'
pi       1526  0.0  0.2   4276   2016 pts/0     S+    00:56    0:00 grep --color=au
to telnet
```

- ifconfig : 네트워크의 정보 표시

- ping host : host를 통해 ping 테스트를 실시(Ctrl＋C로 종료 가능)

- ps : 활동 중인 프로세스 정보를 표시

- ps aux | grep 'ping' : 모든 프로세스에서 ping 프로세스를 표시(다른 putty로 ping 우선 실행)

- kill pid : pid 정보를 통해서 프로세서를 끝내기

- killall proc : proc라는 이름의 프로세스를 전부 끝내기

```
pi@raspberrypi:~ $ ifconfig
eth0      Link encap:Ethernet  HWaddr b8:27:eb:74:08:73
          inet6 addr: fe80::297b:9096:92cf:70cd/64 Scope:Link
          UP BROADCAST MULTICAST  MTU:1500  Metric:1
          RX packets:0 errors:0 dropped:0 overruns:0 frame:0
          TX packets:0 errors:0 dropped:0 overruns:0 carrier:0
          collisions:0 txqueuelen:1000
          RX bytes:0 (0.0 B)  TX bytes:0 (0.0 B)

lo        Link encap:Local Loopback
          inet addr:127.0.0.1  Mask:255.0.0.0
          inet6 addr: ::1/128 Scope:Host
          UP LOOPBACK RUNNING  MTU:65536  Metric:1
          RX packets:200 errors:0 dropped:0 overruns:0 frame:0
          TX packets:200 errors:0 dropped:0 overruns:0 carrier:0
          collisions:0 txqueuelen:1
          RX bytes:16656 (16.2 KiB)  TX bytes:16656 (16.2 KiB)

wlan0     Link encap:Ethernet  HWaddr b8:27:eb:21:5d:26
          inet addr:192.168.0.27  Bcast:192.168.0.255  Mask:255.255.255.0
          inet6 addr: fe80::565b:231c:e30b:d199/64 Scope:Link
          UP BROADCAST RUNNING MULTICAST  MTU:1500  Metric:1
          RX packets:4487 errors:0 dropped:0 overruns:0 frame:0
          TX packets:1361 errors:0 dropped:0 overruns:0 carrier:0
          collisions:0 txqueuelen:1000
          RX bytes:483519 (472.1 KiB)  TX bytes:243814 (238.0 KiB)

pi@raspberrypi:~ $ ping 127.0.0.1
PING 127.0.0.1 (127.0.0.1) 56(84) bytes of data.
64 bytes from 127.0.0.1: icmp_seq=1 ttl=64 time=0.092 ms
64 bytes from 127.0.0.1: icmp_seq=2 ttl=64 time=0.054 ms
64 bytes from 127.0.0.1: icmp_seq=3 ttl=64 time=0.096 ms
64 bytes from 127.0.0.1: icmp_seq=4 ttl=64 time=0.094 ms
64 bytes from 127.0.0.1: icmp_seq=5 ttl=64 time=0.049 ms
64 bytes from 127.0.0.1: icmp_seq=6 ttl=64 time=0.087 ms
64 bytes from 127.0.0.1: icmp_seq=7 ttl=64 time=0.094 ms
^C
--- 127.0.0.1 ping statistics ---
7 packets transmitted, 7 received, 0% packet loss, time 6269ms
rtt min/avg/max/mdev = 0.049/0.080/0.096/0.022 ms
pi@raspberrypi:~ $ []
```

```
pi@raspberrypi:~ $ ps
  PID TTY          TIME CMD
 1616 pts/1    00:00:00 bash
 1635 pts/1    00:00:00 ps
pi@raspberrypi:~ $ ps aux | grep 'ping'
pi        1607  0.0  0.0   2088   400 pts/0    S+   01:09   0:00 ping 127.0.0.1
pi        1637  0.0  0.2   4276  1956 pts/1    S+   01:09   0:00 grep --color=au
to ping
pi@raspberrypi:~ $ kill 1607
pi@raspberrypi:~ $ []
```

```
64 bytes from 127.0.0.1: icmp_seq=55 ttl=64 time=0.057 ms
64 bytes from 127.0.0.1: icmp_seq=56 ttl=64 time=0.069 ms
64 bytes from 127.0.0.1: icmp_seq=57 ttl=64 time=0.074 ms
64 bytes from 127.0.0.1: icmp_seq=58 ttl=64 time=0.096 ms
64 bytes from 127.0.0.1: icmp_seq=59 ttl=64 time=0.061 ms
Terminated
pi@raspberrypi:~ $
```

- sudo passwd root : root(관리자)의 패스워드를 변경
- su : 관리자 권한으로 실행
- exit 또는 Ctrl+D(명령어 미입력 상태에서) : 접속된 계정 종료

```
pi@raspberrypi:~ $ sudo passwd root
Enter new UNIX password:
Retype new UNIX password:
passwd: password updated successfully
pi@raspberrypi:~ $ su
Password:
root@raspberrypi:/home/pi# exit
exit
pi@raspberrypi:~ $
```

2.3 네트워크 설정 및 방화벽

2.3.1 ifconfig

ifconfig 명령은 IP(Internet Protocol) 주소를 확인하는 명령어이다.

```
pi@raspberrypi:~ $ ifconfig
eth0      Link encap:Ethernet   HWaddr b8:27:eb:74:08:73
          inet6 addr: fe80::297b:9096:92cf:70cd/64 Scope:Link
          UP BROADCAST MULTICAST  MTU:1500  Metric:1
          RX packets:0 errors:0 dropped:0 overruns:0 frame:0
          TX packets:0 errors:0 dropped:0 overruns:0 carrier:0
          collisions:0 txqueuelen:1000
          RX bytes:0 (0.0 B)  TX bytes:0 (0.0 B)

lo        Link encap:Local Loopback
          inet addr:127.0.0.1  Mask:255.0.0.0
          inet6 addr: ::1/128 Scope:Host
          UP LOOPBACK RUNNING  MTU:65536  Metric:1
          RX packets:332 errors:0 dropped:0 overruns:0 frame:0
          TX packets:332 errors:0 dropped:0 overruns:0 carrier:0
          collisions:0 txqueuelen:1
```

```
          RX bytes:27744 (27.0 KiB)  TX bytes:27744 (27.0 KiB)

wlan0     Link encap:Ethernet  HWaddr b8:27:eb:21:5d:26
          inet addr:192.168.0.27  Bcast:192.168.0.255  Mask:255.255.255.0
          inet6 addr: fe80::565b:231c:e30b:d199/64 Scope:Link
          UP BROADCAST RUNNING MULTICAST  MTU:1500  Metric:1
          RX packets:7410 errors:0 dropped:0 overruns:0 frame:0
          TX packets:2460 errors:0 dropped:0 overruns:0 carrier:0
          collisions:0 txqueuelen:1000
          RX bytes:733271 (716.0 KiB)  TX bytes:439123 (428.8 KiB)

pi@raspberrypi:~ $
```

2.3.2 방화벽 – ufw 설치

ufw를 통해서 방화벽 접근을 쉽게 사용할 수 있다.

```
$ sudo apt-get install ufw
```

```
pi@raspberrypi:~ $ sudo apt-get install ufw
Reading package lists... Done
Building dependency tree
Reading state information... Done
The following NEW packages will be installed:
  ufw
0 upgraded, 1 newly installed, 0 to remove and 2 not upgraded.
Need to get 138 kB of archives.
After this operation, 733 kB of additional disk space will be used.
Get:1 http://mirrordirector.raspbian.org/raspbian/ jessie/main ufw all 0.33-2 [1
38 kB]
Fetched 138 kB in 2s (58.6 kB/s)
Preconfiguring packages ...
Selecting previously unselected package ufw.
(Reading database ... 115821 files and directories currently installed.)
Preparing to unpack .../archives/ufw_0.33-2_all.deb ...
Unpacking ufw (0.33-2) ...
Processing triggers for systemd (215-17+deb8u7) ...
Processing triggers for man-db (2.7.0.2-5) ...
Setting up ufw (0.33-2) ...

Creating config file /etc/ufw/before.rules with new version

Creating config file /etc/ufw/before6.rules with new version

Creating config file /etc/ufw/after.rules with new version

Creating config file /etc/ufw/after6.rules with new version
update-rc.d: warning: start and stop actions are no longer supported; falling ba
ck to defaults
Processing triggers for systemd (215-17+deb8u7) ...
pi@raspberrypi:~ $
```

ufw을 통한 방화벽의 상태와 활성 및 비활성의 설정이 가능하다.

- sudo ufw status : 방화벽 상태
- sudo ufw enable : 방화벽 활성화
- sudo ufw disable : 방화벽 비활성화

```
pi@raspberrypi:~ $ sudo ufw status
Status: inactive
pi@raspberrypi:~ $ sudo ufw enable
Command may disrupt existing ssh connections. Proceed with operation (y|n)? y
Firewall is active and enabled on system startup
pi@raspberrypi:~ $ sudo ufw status
Status: active
pi@raspberrypi:~ $ sudo ufw disable
Firewall stopped and disabled on system startup
pi@raspberrypi:~ $ sudo ufw status
Status: inactive
pi@raspberrypi:~ $
```

ufw 포트

- ufw 통해서 원하는 포트를 허용하고 거부할 수 있음
- sudo ufw allow 10000/udp : udp 10000포트를 허용
- sudo ufw allow 10000/tcp : tcp 10000포트를 허용
- sudo ufw deny 10000/udp : udp 10000포트를 거부
- sudo ufw deny 10000/tcp : tcp 10000포트를 거부
- sudo ufw allow 10000 : udp와 tcp 10000포트를 허용
- sudo ufw deny 10000: udp와 tcp 10000포트를 거부

```
pi@raspberrypi:~ $ sudo ufw allow 10000/udp
Rules updated
Rules updated (v6)
pi@raspberrypi:~ $ sudo ufw allow 10000/tcp
Rules updated
Rules updated (v6)
pi@raspberrypi:~ $ sudo ufw deny 10000/udp
Rules updated
Rules updated (v6)
pi@raspberrypi:~ $ sudo ufw deny 10000/tcp
Rules updated
Rules updated (v6)
pi@raspberrypi:~ $ sudo ufw allow 10000
Rules updated
Rules updated (v6)
pi@raspberrypi:~ $ sudo ufw deny 10000
Rules updated
Rules updated (v6)
pi@raspberrypi:~ $
```

CAHPTER 03

Hadoop

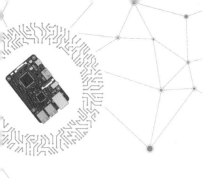

CAHPTER 03

Hadoop

3.1 Hadoop 3.0 설치

HOST 설정

라즈베리파이 4대의 /etc/hosts 파일을 다음의 명령어를 입력한 후 다음과 같이 4대의 IP 및 호스트네임을 입력한다.

$ sudo nano /etc/hosts

```
  GNU nano 2.7.4                    File: /etc/hosts

127.0.0.1          localhost
::1                localhost ip6-localhost ip6-loopback
ff02::1            ip6-allnodes
ff02::2            ip6-allrouters

127.0.1.1          raspberrypi

192.168.0.47       hadoop1
192.168.0.48       hadoop2
192.168.0.49       hadoop3
192.168.0.50       hadoop4
```

마찬가지로 라즈베리파이 3 4대의 /etc/hostname 파일을 각각 다음과 같이 수정한다(각각 hadoop1,hadoop2, hadoop3, hadoop4).

$ sudo nano /etc/hostname

```
  GNU nano 2.7.4                    File: /etc/hostname

hadoop1
```

그다음 호스트네임이 적용되도록 다음을 입력하여 재부팅한다.

$ sudo reboot

hadoop 계정 생성 및 압축파일 다운로드

다음을 입력하여 hadoop 계정을 생성한다(4대 모두).

$ sudo adduser hadoop

```
pi@hadoop1:~ $ sudo adduser hadoop
Adding user `hadoop' ...
Adding new group `hadoop' (1001) ...
Adding new user `hadoop' (1001) with group `hadoop' ...
Creating home directory `/home/hadoop' ...
Copying files from `/etc/skel' ...
Enter new UNIX password:
Retype new UNIX password:
passwd: password updated successfully
Changing the user information for hadoop
Enter the new value, or press ENTER for the default
        Full Name []:
        Room Number []:
        Work Phone []:
        Home Phone []:
        Other []:
Is the information correct? [Y/n] y
pi@hadoop1:~ $ 
```

hadoop 계정을 접속한다. 다음을 입력한다(4대 모두).

```
$ su hadoop
$ cd ~
```

```
pi@hadoop1:~ $ su hadoop
Password:
hadoop@hadoop1:/home/pi $ cd ~
hadoop@hadoop1:~ $ █
```

'cd ~'는 해당 계정의 홈 디렉터리로 이동하는 명령어다. 이어서 hadoop3.0 압축파일을 다운로드한다. 다음을 입력한다(4대 모두).

```
$ wget http://apache.mirror.cdnetworks.com/hadoop/common/hadoop-3.0.0/hadoop-3.0.0.tar.gz
```

```
hadoop@hadoop1:~ $ wget http://apache.mirror.cdnetworks.com/hadoop/common/hadoop
-3.0.0/hadoop-3.0.0.tar.gz
--2018-01-08 02:07:41--  http://apache.mirror.cdnetworks.com/hadoop/common/hadoo
p-3.0.0/hadoop-3.0.0.tar.gz
Resolving apache.mirror.cdnetworks.com (apache.mirror.cdnetworks.com)... 14.0.10
1.165
Connecting to apache.mirror.cdnetworks.com (apache.mirror.cdnetworks.com)|14.0.1
01.165|:80... connected.
HTTP request sent, awaiting response... 200 OK
Length: 306392917 (292M) [application/x-gzip]
Saving to: 'hadoop-3.0.0.tar.gz'

hadoop-3.0.0.tar.gz 100%[====================>] 292.20M  2.10MB/s    in 77s

2018-01-08 02:08:59 (3.81 MB/s) - 'hadoop-3.0.0.tar.gz' saved [306392917/3063929
17]

hadoop@hadoop1:~ $ █
```

해당 압축파일을 해제한다. 다음을 입력한다(4대 모두).

```
$ tar xvfz hadoop-3.0.0.tar.gz
```

```
hadoop@hadoop1:~ $ ls
hadoop-3.0.0  hadoop-3.0.0.tar.gz
hadoop@hadoop1:~ $ █
```

SSH 설정

해당 작업은 hadoop1에서만 진행한다. hadoop 계정에 접속한 상태에서 다음을 입력한다.

```
$ ssh-keygen -t rsa
```

```
hadoop@hadoop1:~ $ ssh-keygen -t rsa
Generating public/private rsa key pair.
Enter file in which to save the key (/home/hadoop/.ssh/id_rsa):
Enter passphrase (empty for no passphrase):
Enter same passphrase again:
Your identification has been saved in /home/hadoop/.ssh/id_rsa.
Your public key has been saved in /home/hadoop/.ssh/id_rsa.pub.
The key fingerprint is:
SHA256:Zi/chif2ikihmxAMIIZ2bdpU6zDP9CapjdD2oCbrWiw hadoop@hadoop1
The key's randomart image is:
+---[RSA 2048]----+
|+.   . ..        |
|=. . + .         |
|o . =o o         |
|o  ...B o        |
|.. ..+ *So .     |
| o .+.*+o+        |
|E.+o.o o* =      |
| +++ . o *       |
|+oo . . ...      |
+----[SHA256]-----+
hadoop@hadoop1:~ $
```

이어서 다음을 입력하여 key를 복사한다.

```
$ ssh-copy-id hadoop@hadoop1
$ ssh-copy-id hadoop@hadoop2
$ ssh-copy-id hadoop@hadoop3
$ ssh-copy-id hadoop@hadoop4
```

```
hadoop@hadoop1:~ $ ssh-copy-id hadoop@hadoop1
/usr/bin/ssh-copy-id: INFO: Source of key(s) to be installed: "/home/hadoop/.ssh
/id_rsa.pub"
The authenticity of host 'hadoop1 (192.168.0.47)' can't be established.
ECDSA key fingerprint is SHA256:1AQKmM3twt9N4cIe7nmu1OXHICwWxrgqkYdKIYQfxVE.
Are you sure you want to continue connecting (yes/no)? yes
/usr/bin/ssh-copy-id: INFO: attempting to log in with the new key(s), to filter
out any that are already installed
/usr/bin/ssh-copy-id: INFO: 1 key(s) remain to be installed -- if you are prompt
ed now it is to install the new keys·
hadoop@hadoop1's password:

Number of key(s) added: 1

Now try logging into the machine, with:   "ssh 'hadoop@hadoop1'"
and check to make sure that only the key(s) you wanted were added.

hadoop@hadoop1:~ $
```

그 뒤 다음을 입력하여 패스워드를 묻지 않고 접속이 된다면 제대로 복사가 된 것이다.

$ ssh hadoop1

$ ssh hadoop2

$ ssh hadoop3

$ ssh hadoop4

```
hadoop@hadoop1:~ $ ssh hadoop1
Linux hadoop1 4.9.41-v7+ #1023 SMP Tue Aug 8 16:00:15 BST 2017 armv7l

The programs included with the Debian GNU/Linux system are free software;
the exact distribution terms for each program are described in the
individual files in /usr/share/doc/*/copyright.

Debian GNU/Linux comes with ABSOLUTELY NO WARRANTY, to the extent
permitted by applicable law.
hadoop@hadoop1:~ $ logout
Connection to hadoop1 closed.
hadoop@hadoop1:~ $ ssh hadoop2
Linux hadoop2 4.9.41-v7+ #1023 SMP Tue Aug 8 16:00:15 BST 2017 armv7l

The programs included with the Debian GNU/Linux system are free software;
the exact distribution terms for each program are described in the
individual files in /usr/share/doc/*/copyright.

Debian GNU/Linux comes with ABSOLUTELY NO WARRANTY, to the extent
permitted by applicable law.
Last login: Mon Jan  8 02:05:21 2018 from 192.168.0.47

SSH is enabled and the default password for the 'pi' user has not been changed.
This is a security risk - please login as the 'pi' user and type 'passwd' to set
 a new password.

hadoop@hadoop2:~ $
```

환경변수 설정

hadoop 계정에서 다음을 입력한다(4대 모두).

```
$ cd ~
$ nano .bashrc
```

그다음 아래의 그림과 같이 파일 제일 아래에 다음을 입력한다(4대 모두).

```
export JAVA_HOME=/usr/lib/jvm/jdk-8-oracle-arm32-vfp-hflt
export HADOOP_INSTALL=/home/hadoop/hadoop-3.0.0
export PATH=$PATH:$HADOOP_INSTALL/bin
export PATH=$PATH:$HADOOP_INSTALL/sbin
```

```
  GNU nano 2.7.4                    File: .bashrc                    Modified

  elif [ -f /etc/bash_completion ]; then
    . /etc/bash_completion
  fi
fi

export JAVA_HOME=/usr/lib/jvm/jdk-8-oracle-arm32-vfp-hflt
export HADOOP_HOME=/home/hadoop/hadoop-3.0.0
export PATH=$PATH:$HADOOP_HOME/bin
export PATH=$PATH:$HADOOP_HOME/sbin
```

저장 후 재부팅을 실행한다. 그 뒤 다음을 입력하여 제대로 동작하는지 확인한다.

```
$ hadoop version
```

```
hadoop@hadoop1:~ $ hadoop version
Hadoop 3.0.0
Source code repository https://git-wip-us.apache.org/repos/asf/hadoop.git -r c25
427ceca461ee979d30edd7a4b0f50718e6533
Compiled by andrew on 2017-12-08T19:16Z
Compiled with protoc 2.5.0
From source with checksum 397832cb5529187dc8cd74ad54ff22
This command was run using /home/hadoop/hadoop-3.0.0/share/hadoop/common/hadoop-
common-3.0.0.jar
hadoop@hadoop1:~ $
```

hadoop 설정 및 데이터 폴더 생성

hadoop1에서 hadoop 계정으로 로그인한 후 진행한다. 다음을 입력한다.

```
$ cd ~
$ cd hadoop-3.0.0/etc/hadoop/
```

```
hadoop@hadoop1:~ $ cd hadoop-3.0.0/etc/hadoop/
hadoop@hadoop1:~/hadoop-3.0.0/etc/hadoop $ ls -al
total 176
drwxr-xr-x 3 hadoop hadoop  4096 Jan 19 00:32 .
drwxr-xr-x 3 hadoop hadoop  4096 Dec  8 19:17 ..
-rw-r--r-- 1 hadoop hadoop  7861 Dec  8 19:30 capacity-scheduler.xml
-rw-r--r-- 1 hadoop hadoop  1335 Dec  8 19:32 configuration.xsl
-rw-r--r-- 1 hadoop hadoop  1211 Dec  8 19:30 container-executor.cfg
-rw-r--r-- 1 hadoop hadoop   990 Jan 18 13:10 core-site.xml
-rw-r--r-- 1 hadoop hadoop  3670 Dec  8 19:17 hadoop-env.cmd
-rw-r--r-- 1 hadoop hadoop 16120 Jan 18 13:18 hadoop-env.sh
-rw-r--r-- 1 hadoop hadoop  3323 Dec  8 19:17 hadoop-metrics2.properties
-rw-r--r-- 1 hadoop hadoop 10206 Dec  8 19:17 hadoop-policy.xml
-rw-r--r-- 1 hadoop hadoop  3414 Dec  8 19:17 hadoop-user-functions.sh.example
-rw-r--r-- 1 hadoop hadoop  1218 Jan 18 23:13 hdfs-site.xml
-rw-r--r-- 1 hadoop hadoop  1484 Dec  8 19:19 httpfs-env.sh
-rw-r--r-- 1 hadoop hadoop  1657 Dec  8 19:19 httpfs-log4j.properties
-rw-r--r-- 1 hadoop hadoop    21 Dec  8 19:19 httpfs-signature.secret
-rw-r--r-- 1 hadoop hadoop   620 Dec  8 19:19 httpfs-site.xml
-rw-r--r-- 1 hadoop hadoop  3518 Dec  8 19:17 kms-acls.xml
-rw-r--r-- 1 hadoop hadoop  1351 Dec  8 19:17 kms-env.sh
-rw-r--r-- 1 hadoop hadoop  1747 Dec  8 19:17 kms-log4j.properties
-rw-r--r-- 1 hadoop hadoop   682 Dec  8 19:17 kms-site.xml
-rw-r--r-- 1 hadoop hadoop 13238 Dec  8 19:17 log4j.properties
-rw-r--r-- 1 hadoop hadoop   951 Dec  8 19:32 mapred-env.cmd
-rw-r--r-- 1 hadoop hadoop  1764 Dec  8 19:32 mapred-env.sh
-rw-r--r-- 1 hadoop hadoop  4113 Dec  8 19:32 mapred-queues.xml.template
-rw-r--r-- 1 hadoop hadoop  1423 Jan 18 13:35 mapred-site.xml
drwxr-xr-x 2 hadoop hadoop  4096 Dec  8 19:17 shellprofile.d
-rw-r--r-- 1 hadoop hadoop  2316 Dec  8 19:17 ssl-client.xml.example
-rw-r--r-- 1 hadoop hadoop  2697 Dec  8 19:17 ssl-server.xml.example
-rw-r--r-- 1 hadoop hadoop  2642 Dec  8 19:19 user_ec_policies.xml.template
-rw-r--r-- 1 hadoop hadoop    25 Jan 18 13:18 workers
-rw-r--r-- 1 hadoop hadoop  2250 Dec  8 19:30 yarn-env.cmd
-rw-r--r-- 1 hadoop hadoop  5406 Dec  8 19:30 yarn-env.sh
-rw-r--r-- 1 hadoop hadoop  1361 Jan 18 13:18 yarn-site.xml
hadoop@hadoop1:~/hadoop-3.0.0/etc/hadoop $ []
```

여기서 hadoop-env.sh, core-site.xml, hdfs-site.xml, mapred-site.xml, yarn-site.xml, workers를 각각 다음과 같이 수정한다.

hadoop-env.sh

```
  GNU nano 2.7.4                     File: hadoop-env.sh

# such as in /etc/profile.d

# The java implementation to use. By default, this environment
# variable is REQUIRED on ALL platforms except OS X!
export JAVA_HOME=/usr/lib/jvm/jdk-8-oracle-arm32-vfp-hflt

# Location of Hadoop.  By default, Hadoop will attempt to determine
# this location based upon its execution path.
# export HADOOP_HOME=
```

core-site.xml

```
  GNU nano 2.7.4                     File: core-site.xml

  distributed under the License is distributed on an "AS IS" BASIS,
  WITHOUT WARRANTIES OR CONDITIONS OF ANY KIND, either express or implied.
  See the License for the specific language governing permissions and
  limitations under the License. See accompanying LICENSE file.
-->

<!-- Put site-specific property overrides in this file. -->

<configuration>
    <property>
        <name>fs.defaultFS</name>
        <value>hdfs://hadoop1:9000</value>
    </property>
    <property>
        <name>hadoop.tmp.dir</name>
        <value>/data/hadoop/tmp</value>
    </property>
</configuration>
```

hdfs-site.xml

```xml
<configuration>
    <property>
        <name>dfs.replication</name>
        <value>3</value>
    </property>

    <property>
            <name>dfs.namenode.name.dir</name>
            <value>file:/data/hadoop/dfs/name</value>
            <final>true</final>
    </property>

    <property>
            <name>dfs.datanode.data.dir</name>
            <value>file:/data/hadoop/dfs/data</value>
            <final>true</final>
    </property>
    <property>
            <name>dfs.permissions</name>
            <value>false</value>
    </property>
</configuration>
```

mapred-site.xml

```xml
<configuration>
    <property>
        <name>mapreduce.framework.name</name>
        <value>yarn</value>
    </property>
    <property>
        <name>mapred.local.dir</name>
        <value>/data/hadoop/hdfs/mapred</value>
    </property>
    <property>
        <name>mapred.system.dir</name>
        <value>/data/hadoop/hdfs/mapred</value>
    </property>
<property>
  <name>yarn.app.mapreduce.am.env</name>
  <value>HADOOP_MAPRED_HOME=$HADOOP_HOME</value>
</property>
<property>
  <name>mapreduce.map.env</name>
  <value>HADOOP_MAPRED_HOME=$HADOOP_HOME</value>
</property>
<property>
  <name>mapreduce.reduce.env</name>
  <value>HADOOP_MAPRED_HOME=$HADOOP_HOME</value>
</property>
</configuration>
```

yarn-site.xml

```xml
<configuration>
    <property>
        <name>yarn.nodemanager.aux-services</name>
        <value>mapreduce_shuffle</value>
    </property>
    <property>
        <name>yarn.nodemanager.aux-services.mapreduce_shuffle.class</name>
        <value>org.apache.hadoop.mapred.ShuffleHandler</value>
    </property>
    <property>
        <name>yarn.resourcemanager.resource-tracker.address</name>
        <value>hadoop1:8025</value>
    </property>
    <property>
        <name>yarn.resourcemanager.scheduler.address</name>
        <value>hadoop1:8030</value>
    </property>
    <property>
        <name>yarn.resourcemanager.address</name>
        <value>hadoop1:8035</value>
    </property>
</configuration>
```

workers

```
  GNU nano 2.7.4                      File: workers                      Modified

hadoop2
hadoop3
hadoop4
```

설정 파일을 수정한 후 hadoop2, hadoop3, hadoop4에도 적용시키기 위해서 다음을 입력한다.

$ scp /home/hadoop/hadoop-3.0.0/etc/hadoop/* hadoop@hadoop2:/home/hadoop/hadoop-
3.0.0/etc/hadoop/

$ scp /home/hadoop/hadoop-3.0.0/etc/hadoop/* hadoop@hadoop3:/home/hadoop/hadoop-
3.0.0/etc/hadoop/

$ scp /home/hadoop/hadoop-3.0.0/etc/hadoop/* hadoop@hadoop4:/home/hadoop/hadoop-
3.0.0/etc/hadoop/

```
hadoop@hadoop1:~ $ scp /home/hadoop/hadoop-3.0.0/etc/hadoop/* hadoop@hadoop2:/ho
me/hadoop/hadoop-3.0.0/etc/hadoop/
capacity-scheduler.xml                              100% 7861    920.9KB/s   00:00
configuration.xsl                                   100% 1335    399.4KB/s   00:00
container-executor.cfg                              100% 1211    390.7KB/s   00:00
core-site.xml                                       100%  953    402.0KB/s   00:00
hadoop-env.cmd                                      100% 3670    542.5KB/s   00:00
hadoop-env.sh                                       100%  16KB    2.6MB/s    00:00
hadoop-metrics2.properties                         100% 3323    345.4KB/s   00:00
hadoop-policy.xml                                   100%  10KB  886.1KB/s    00:00
hadoop-user-functions.sh.example                   100% 3414    358.8KB/s   00:00
hdfs-site.xml                                       100% 1233    491.4KB/s   00:00
httpfs-env.sh                                       100% 1484    250.5KB/s   00:00
httpfs-log4j.properties                            100% 1657    549.1KB/s   00:00
httpfs-signature.secret                            100%   21      7.8KB/s    00:00
httpfs-site.xml                                     100%  620    212.5KB/s   00:00
kms-acls.xml                                        100% 3518    945.8KB/s   00:00
kms-env.sh                                          100% 1351    422.3KB/s   00:00
kms-log4j.properties                               100% 1747    546.9KB/s   00:00
kms-site.xml                                        100%  682    241.9KB/s   00:00
log4j.properties                                    100%  13KB    1.6MB/s    00:00
mapred-env.cmd                                      100%  951    105.7KB/s   00:00
mapred-env.sh                                       100% 1764    192.4KB/s   00:00
mapred-queues.xml.template                         100% 4113    407.4KB/s   00:00
mapred-site.xml                                     100% 1480    590.7KB/s   00:00
/home/hadoop/hadoop-3.0.0/etc/hadoop/shellprofile.d: not a regular file
ssl-client.xml.example                              100% 2316    363.6KB/s   00:00
ssl-server.xml.example                              100% 2697    789.4KB/s   00:00
user_ec_policies.xml.template                      100% 2642    752.9KB/s   00:00
workers                                             100%   25     12.6KB/s    00:00
yarn-env.cmd                                        100% 2250    346.9KB/s   00:00
yarn-env.sh                                         100% 5406     1.2MB/s    00:00
yarn-site.xml                                       100% 1374    563.3KB/s   00:00
hadoop@hadoop1:~ $ 
```

그다음 라즈베리파이 4대 모두 pi 계정으로 들어간 후 다음 명령어를 입력하여 폴더를 생성한다.

```
$ sudo mkdir -p /data/hadoop/tmp

$ sudo mkdir -p /data/hadoop/dfs/name

$ sudo mkdir -p /data/hadoop/dfs/data

$ sudo chown -R hadoop:hadoop /data/hadoop
```

```
pi@hadoop1:~ $ sudo mkdir -p /data/hadoop/tmp
pi@hadoop1:~ $ sudo mkdir -p /data/hadoop/dfs/name
pi@hadoop1:~ $ sudo mkdir -p /data/hadoop/dfs/data
pi@hadoop1:~ $ sudo chown -R hadoop:hadoop /data/hadoop
pi@hadoop1:~ $ 
```

hadoop namenode 포맷 및 실행

hadoop1에서 hadoop 계정으로 접속한 후 다음을 입력한다.

```
$ cd ~
$ hadoop namenode -format
```

```
2018-01-08 05:21:17,637 INFO namenode.NNStorageRetentionManager: Going to retain
 1 images with txid >= 0
2018-01-08 05:21:17,682 INFO namenode.NameNode: SHUTDOWN_MSG:
/************************************************************
SHUTDOWN_MSG: Shutting down NameNode at hadoop1/192.168.0.47
************************************************************/
hadoop@hadoop1:~ $
```

이제 모든 준비가 다 끝났다. 다음을 입력하여 hadoop을 실행한다.

```
$ start-dfs.sh
$ start-yarn.sh
```

```
hadoop@hadoop1:~ $ start-dfs.sh
Starting namenodes on [hadoop1]
Starting datanodes
hadoop2: WARNING: /home/hadoop/hadoop-3.0.0/logs does not exist. Creating.
hadoop4: WARNING: /home/hadoop/hadoop-3.0.0/logs does not exist. Creating.
hadoop3: WARNING: /home/hadoop/hadoop-3.0.0/logs does not exist. Creating.
Starting secondary namenodes [hadoop1]
Java HotSpot(TM) Client VM warning: You have loaded library /home/hadoop/hadoop-
3.0.0/lib/native/libhadoop.so.1.0.0 which might have disabled stack guard. The V
M will try to fix the stack guard now.
It's highly recommended that you fix the library with 'execstack -c <libfile>',
or link it with '-z noexecstack'.
2018-01-08 05:24:08,638 WARN util.NativeCodeLoader: Unable to load native-hadoop
 library for your platform... using builtin-java classes where applicable
hadoop@hadoop1:~ $ start-yarn.sh
Starting resourcemanager
Starting nodemanagers
hadoop@hadoop1:~ $
```

원격으로 라즈베리파이에 접속한 후 인터넷 창에 다음을 입력하여 hadoop에 접속한다.

http://hadoop1:9870/

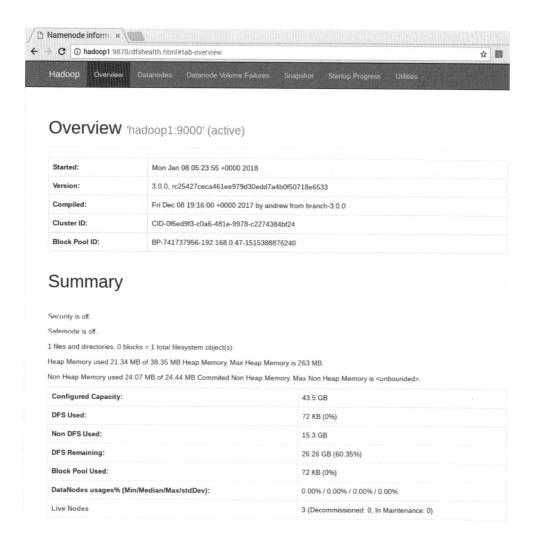

접속하면 앞의 그림과 같이 hadoop이 동작하고 있는 것을 확인할 수 있다. hadoop을 종료하려면 다음을 입력한다.

```
$ stop-yarn.sh
$ stop-dfs.sh
```

```
hadoop@hadoop1:~ $ stop-yarn.sh
Stopping nodemanagers
hadoop3: WARNING: nodemanager did not stop gracefully after 5 seconds: Trying to
 kill with kill -9
hadoop2: WARNING: nodemanager did not stop gracefully after 5 seconds: Trying to
 kill with kill -9
hadoop4: WARNING: nodemanager did not stop gracefully after 5 seconds: Trying to
 kill with kill -9
Stopping resourcemanager
hadoop@hadoop1:~ $ stop-dfs.sh
Stopping namenodes on [hadoop1]
Stopping datanodes
Stopping secondary namenodes [hadoop1]
Java HotSpot(TM) Client VM warning: You have loaded library /home/hadoop/hadoop-
3.0.0/lib/native/libhadoop.so.1.0.0 which might have disabled stack guard. The V
M will try to fix the stack guard now.
It's highly recommended that you fix the library with 'execstack -c <libfile>',
or link it with '-z noexecstack'.
2018-01-08 05:34:26,828 WARN util.NativeCodeLoader: Unable to load native-hadoop
 library for your platform... using builtin-java classes where applicable
hadoop@hadoop1:~ $ 
```

3.2 Hadoop 3.0 테스트

hadoop 3.0의 Mapreduce를 테스트하기 위해 hadoop 파일시스템에 폴더 생성 및 파일을 저장한 후에 다음과 같이 입력한다.

    $ hadoop fs -mkdir /user
    $ hadoop fs -mkdir /user/hadoop
    $ hadoop fs -mkdir input
    $ hadoop fs -put /home/hadoop/hadoop-3.0.0/etc/hadoop/hadoop-env.sh input

```
hadoop@hadoop1:~ $ hadoop fs -mkdir input
Java HotSpot(TM) Client VM warning: You have loaded library /home/hadoop/hadoop-
3.0.0/lib/native/libhadoop.so.1.0.0 which might have disabled stack guard. The V
M will try to fix the stack guard now.
It's highly recommended that you fix the library with 'execstack -c <libfile>',
or link it with '-z noexecstack'.
2018-01-23 00:37:16,799 WARN util.NativeCodeLoader: Unable to load native-hadoop
 library for your platform... using builtin-java classes where applicable
hadoop@hadoop1:~ $ hadoop fs -put /home/hadoop/hadoop-3.0.0/etc/hadoop/hadoop-en
v.sh input
Java HotSpot(TM) Client VM warning: You have loaded library /home/hadoop/hadoop-
3.0.0/lib/native/libhadoop.so.1.0.0 which might have disabled stack guard. The V
M will try to fix the stack guard now.
It's highly recommended that you fix the library with 'execstack -c <libfile>',
or link it with '-z noexecstack'.
2018-01-23 00:37:55,831 WARN util.NativeCodeLoader: Unable to load native-hadoop
 library for your platform... using builtin-java classes where applicable
hadoop@hadoop1:~ $
```

파일이 제대로 들어갔는지 웹의 Utilities 탭의 Browse the file system에서 확인할 수 있다.

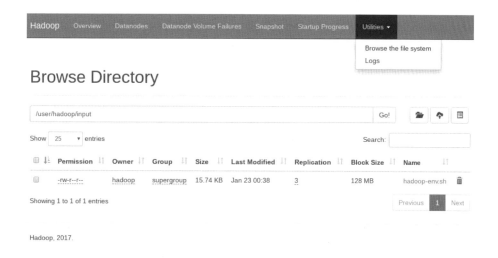

Hadoop, 2017.

업로드한 hadoop-env.sh 파일의 wordcount를 테스트하기 위해서 다음을 입력한다.

```
$ cd ~/hadoop-3.0.0
$ hadoop jar share/hadoop/mapreduce/hadoop-mapreduce-examples-3.0.0.jar wordcount
  input output
```

그럼 다음의 그림과 같이 MapReduce가 진행되는 것을 확인할 수 있다.

```
2018-01-23 00:42:35,164 INFO input.FileInputFormat: Total input files to process
: 1
2018-01-23 00:42:35,667 INFO mapreduce.JobSubmitter: number of splits:1
2018-01-23 00:42:35,918 INFO Configuration.deprecation: yarn.resourcemanager.sys
tem-metrics-publisher.enabled is deprecated. Instead, use yarn.system-metrics-pu
blisher.enabled
2018-01-23 00:42:36,696 INFO mapreduce.JobSubmitter: Submitting tokens for job:
job_1516667380954_0001
2018-01-23 00:42:36,706 INFO mapreduce.JobSubmitter: Executing with tokens: []
2018-01-23 00:42:38,344 INFO conf.Configuration: resource-types.xml not found
2018-01-23 00:42:38,348 INFO resource.ResourceUtils: Unable to find 'resource-ty
pes.xml'.
2018-01-23 00:42:41,174 INFO impl.YarnClientImpl: Submitted application applicat
ion_1516667380954_0001
2018-01-23 00:42:41,979 INFO mapreduce.Job: The url to track the job: http://had
oop1:8088/proxy/application_1516667380954_0001/
2018-01-23 00:42:41,985 INFO mapreduce.Job: Running job: job_1516667380954_0001
2018-01-23 00:43:31,701 INFO mapreduce.Job: Job job_1516667380954_0001 running i
n uber mode : false
2018-01-23 00:43:31,708 INFO mapreduce.Job:  map 0% reduce 0%
2018-01-23 00:44:06,870 INFO mapreduce.Job:  map 100% reduce 0%
```

작업이 완료되면 다음을 입력하여 결과 값을 확인한다.

```
$ hadoop fs -cat output/part-r-00000
```

```
hadoop@hadoop1:~/hadoop-3.0.0 $ hadoop fs -cat output/part-r-00000
Java HotSpot(TM) Client VM warning: You have loaded library /home/hadoop/hadoop-
3.0.0/lib/native/libhadoop.so.1.0.0 which might have disabled stack guard. The V
M will try to fix the stack guard now.
It's highly recommended that you fix the library with 'execstack -c <libfile>',
or link it with '-z noexecstack'.
2018-01-23 00:47:12,381 WARN util.NativeCodeLoader: Unable to load native-hadoop
 library for your platform... using builtin-java classes where applicable
"        3
"AS      1
"License");    1
"log     1
#        302
##       12
###      26
#export 2
$USER    1
${HADOOP_HOME}/logs      1
${HADOOP_OS_TYPE}        1
${HOME}/.hadooprc        1
'-'      1
'.'      1
'hadoop 1
'mapred 1
```

CAHPTER 04

Python

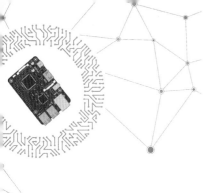

CAHPTER 04

Python

Python은 1991년 프로그래머인 귀도 반 로섬(Guido van Rossum)이 발표한 고급 프로그래밍 언어로, 플랫폼 독립적이며 인터프리터식, 객체 지향적, 동적 타이핑(dynamically typed) 대화형 언어이다.

주요 특징

- 동적 타이핑(dynamic typing). (실행 시간에 자료형을 검사한다.)
- 객체의 멤버에 무제한으로 접근할 수 있다. (속성이나 전용의 메서드 훅을 만들어 제한할 수는 있다.)
- 모듈, 클래스, 객체와 같은 언어의 요소가 내부에서 접근할 수 있고, 리플렉션을 이용한 기술을 쓸 수 있다.

해석 프로그램의 종류

- C파이썬 : C로 작성된 인터프리터
- 스택리스 파이썬 : C 스택을 사용하지 않는 인터프리터
- Jython : 자바 가상머신용 인터프리터. 과거에는 제이파이썬(JPython)이라 함
- IronPython : .NET 플랫폼용 인터프리터

- PyPy : 파이썬으로 작성된 파이썬 인터프리터

파이썬은 여전히 인터프리터 언어처럼 동작하나 사용자가 모르는 사이에 스스로 파이썬 소스 코드를 컴파일하여 바이트 코드(Byte code)를 만들어냄으로써 다음에 수행할 때에는 빠른 속도를 보여준다. 파이썬의 이러한 특징으로 소스 코드의 유출 등의 보안 문제도 해결할 수 있다.

4.1 Python 기초

IDLE

새로운 언어를 사용하는 최고의 방법은 그냥 곧바로 간단한 프로그램부터 시작해보는 것이다. 메뉴의 개발 탭을 보면 python2, python3이 있을 것이다. python3을 클릭하면 다음과 같은 화면이 나오는데 이것이 IDLE과 python Shell의 모습이다.

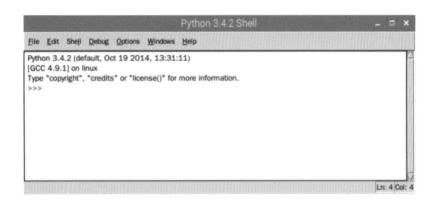

Python shell

앞의 그림이 파이썬 쉘의 모습이며, 파이썬 명령을 입력하고 입력한 명령들의 결과가 나타나는 윈도우다. 커맨드 프롬프트에서 하던 것처럼 프롬프트(>>>) 오른쪽에 명령을 입력하면 파이썬 쉘은 다음 행에 그 결과를 보여준다. 프로그래밍 언어라면 전부 마찬가지로 당연히 지원하는 것이 산술연산이다. 파이썬 쉘에서 프롬프트 오른쪽에 2+2를 입력해보면, 다음 행에 결과가 나타난다.

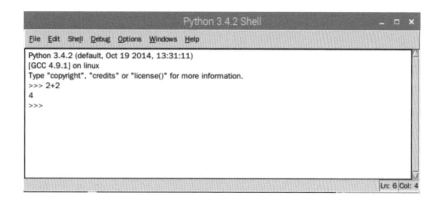

에디터

파이썬 쉘은 이것저것 테스트하기 좋지만 프로그램을 작성하는 데는 적합하지 않다. 파이썬의 프로그램들은 파일 형태로 저장할 수 있으며, 언제든지 다시 불러올 수 있다. 파일은 프로그래밍 언어가 제공하는 명령들을 담고 있다. 따라서 명령을 전부 실행하는 것은 곧 파일을 실행하는 것이다.

IDLE의 윗부분에 있는 메뉴 바를 통해 새로운 파일을 만들 수 있다. 우선 메뉴 바에서 File, New Window의 순서대로 클릭한다. 다음의 그림은 새로운 윈도우를 연 IDLE 에디터의 모습이다. 다음 두 코드 행을 IDLE에 입력한다.

```
print('Hello')
print('World')
```

에디터에는 >>> 프롬프트가 없으며, 에디터에 입력된 명령들이 바로바로 실행되지 않는다. 그 대신 파일의 형태로 저장되었다가 필요할 때 불러와 실행할 수는 있다. 파이썬 프로그램을 작성할 에디터로 나노(nano) 등을 사용할 수도 있지만, 파이썬에 멋지게 통합된 에디터는 바로 IDLE 에디터다. 또한, IDLE 에디터는 파이썬을 어느 정도 알고 있어서 프로그램을 작성할 때 보조 기억 도구로도 활용될 수 있다.

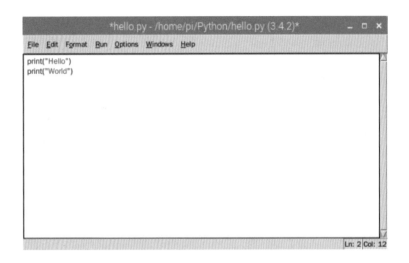

지금 작성한 것을 포함하여 앞으로 작성할 파이썬 프로그램을 한데 담을 곳이 필요하다. 메뉴의 보조프로그램에 있는 File Manager를 열고, 오른쪽 영역의 빈 곳을 마우스 오른쪽 버튼으로 클릭한다. 팝업 메뉴가 등장하면 New, Folder의 순서로 선택한다(다음 그림 참고). 폴더 이름을 Python으로 입력하고 [Enter↵] 키를 누른다.

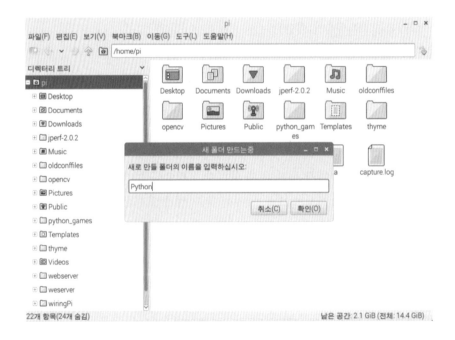

이제 다시 에디터 윈도우로 돌아가 파일을 저장한다. 저장은 File 메뉴를 사용하면 된다. 다음

의 그림처럼 새로 만든 Python 디렉터리 안으로 찾아 들어가 파일명으로 hello.py를 지정한다.

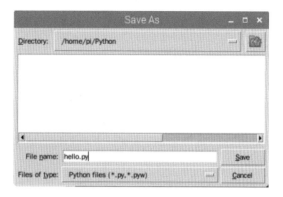

실제로 프로그램을 실행하고 그 결과를 확인하려면 Run 메뉴에서 Run Module을 선택한다. 프로그램의 실행 결과는 파이썬 쉘에서 확인해야 한다. Hello와 World가 한 행씩 출력되는 결과를 어렵지 않게 예상할 수 있다.

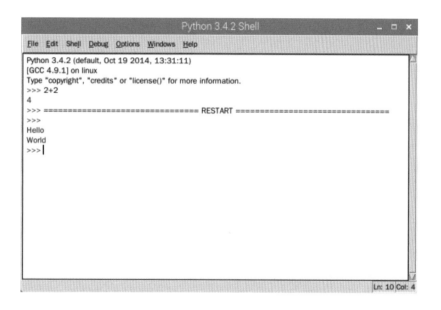

파이썬 쉘에서 입력하는 내용은 어느 곳에서도 저장되지 않는다. 따라서 IDLE을 종료했다 다시 시작하면 이전에 입력했던 내용은 모두 사라지며, 만약에 파일로 저장했다면 언제라도 File 메뉴에서 불러올 수 있다.

수

수는 프로그래밍에서 기본 중의 기본이며, 산술연산은 컴퓨터의 강점이 여실이 드러나는 분야다. 파이썬 쉘에 다음을 입력한다.

```
>>> 20 * 9 / 5 + 32
68.0
```

이 행은 앞에서 다뤘던 2+2라는 예제에 비해서 몇 가지를 새로운 사실을 알 수 있다. 파이썬은 나눗셈보다 곱셈을 먼저 계산한다. 그리고 덧셈보다 나눗셈을 먼저 계산한다. 처음에 생각했던 결과와 다르다면 괄호를 추가하여 올바른 계산임을 확인해도 된다. 다음 행을 보자.

```
>>> (20 * 9 / 5) + 32
68
```

변수

일반적으로 변수를 가리켜 값을 담은 '무엇'으로 생각하며, 방정식을 떠올려보면 수를 대신하여 문자를 사용하는 것과 흡사하다. 변수에 값을 대입할 때는 등호 기호를 사용한다.

```
>>> k = 9.0 / 5.0
```

변수는 등호 기호 왼쪽에 두어야 하고, 반드시 한 단어여야 한다. 숫자와 밑줄(_)이 들어가도 되며, 대문자, 소문자를 가리지 않는다. 변수를 만들 때는 대문자가 아니라 소문자로 시작해야 한다.

for 루프

루프란 어떤 태스크를 한 번이 아닌 여러 번 수행하라고 파이썬에 알리는 것을 의미한다. 한 행이 넘는 파이썬 코드를 입력하고 Enter↵ 를 누르고 다음 행으로 넘어가면 결과가 바로 나타나지 않는다. 입력된 내용이 곧바로 실행되지 않는다는 것은 아직 코드가 끝나지 않았다는 사실을 파이썬이 알고 있다는 뜻이 된다. 바로 행 끝에 있는 콜론(:) 문자 때문이다.

끝나지 않고 아직 남은 코드는 반드시 들여쓰기로 입력해야 한다. 따라서 두 번째 행을 입력할 때는 탭을 한 번 누르고 print(x)를 입력해야 한다. (기본적으로 자동으로 탭이 눌러진 상태일 것이다. 하지만 터미널로 python3을 실행했을 경우에는 직접 탭을 누르면서 해야 한다.)

두 행짜리 이 프로그램을 실행하려면 두 번째 행을 입력한 뒤, Enter↵ 키를 두 번 누른다.

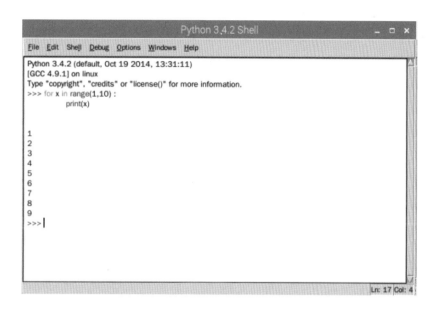

이 프로그램이 실행되면 1에서 10까지가 아니라 1에서 9까지 출력된다. range 명령에서는 끝점이 빠진다. 다시 말해 범위에 존재하는 마지막 숫자가 포함되지 않고, 첫 숫자만 포함된다. 이런 규칙을 확인하는 방법으로 다음과 같이 앞의 범위를 그대로 가져다 리스트로 출력하라고 요구하는 것이다.

```
>>> list(range(1,10))
[1, 2, 3, 4, 5, 6, 7, 8, 9]
```

구두점 사용법에 관해 설명이 필요할 듯하다. 괄호는 파라미터라는 것을 묶는 데 사용한다. 여기서 range에는 파라미터가 2개 있다. from(1)과 to(10)인데, 둘은 쉼표로 구분한다.

for in 명령은 두 부분으로 나눠 생각할 수 있다. for 다음에는 변수명이 와야 하는데, 이 변수는 루프를 반복할 때마다 새로운 값을 할당받는다. 따라서 처음에는 1이 되고, 그다음에는 2가 된다. in 다음에는 어떤 항목들이 순서대로 늘어서야 하는지가 등장해야 한다. 여기서는 1부터 9까지 수 리스트가 등장한다.

print 명령은 파이썬 셸로 출력될 인수를 받는다. 루프를 반복할 때마다 x의 다음번 값이 출력된다.

주사위 흉내 내기

이제는 루프를 사용하여 주사위를 10번 던지는 시뮬레이션 프로그램을 작성한다. 우선 임의의 수, 즉 난수를 만들어보자.

```
>>> import random
>>> random.randint(1,6)
2
```

두 번째 행을 몇 번이고 다시 입력할 때마다 1에서 6사이의 난수가 출력되는 모습을 확인할 수 있다. 첫 번째 행에서는 random이라는 라이브러리를 불러오며, 이 라이브러리는 어떻게 수를 만들어내는지 그 방법을 파이썬에 알려준다. 실제 난수를 만들려면 명령인 randint를 사용하면 된다.

난수 하나를 만들 수 있게 되었으므로, 이제는 루프를 여기에 적용하여 한 번에 난수 10개를 출력하는 프로그램을 작성해보자. 파이썬 셸에 코드를 입력하기에는 다소 불편한 감이 있으므로 이번에는 IDLE 에디터를 사용하기로 한다. 새로운 IDLE 에디터 윈도우를 열고 다음 내용을 입력한 뒤 저장한다.

```
#01_dice
import random
for x in range(1, 11):
    random_number  =  random.randint(1, 6)
    print(random_number)
```

첫 행은 #문자로 시작하며, 이 문자는 현재 행이 주석임을 알려준다. 주석은 프로그램에 관한 부가 정보를 입력하는 방법이며, 쉽게 말해 파이썬은 #문자로 시작하는 행은 무조건 무시한다.

이제 Run 메뉴에서 Run Module을 선택한다. 결과는 다음과 같을 것이다. 에디터 윈도우 뒤에 가려졌던 파이썬 셸에서 프로그램의 결과를 확인할 수 있다.

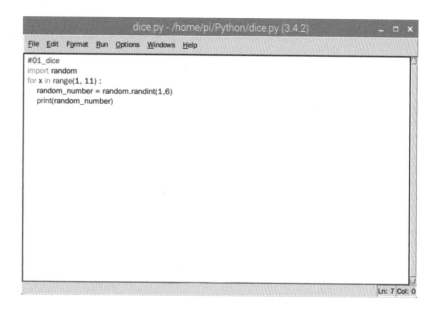

if

이제 주사위 개수를 두 개로 늘릴 수 있도록 주사위 프로그램을 다듬어보자. 그리고 두 주사위 눈의 합이 7 또는 11이거나 같은 눈이 나오는 더블일 때 그에 어울리는 메시지를 출력해보자. 다음 코드를 직접 IDLE 에디터에 입력하자.

```
#02_double_dice
import random
for x in range(1, 11):
    throw_1 = random.randint(1, 6)
    throw_2 = random.randint(1, 6)
    total = throw_1 + throw_2
    print(total)
    if total == 7:
            print('Seven Thrown!')
    if total == 11:
            print('Eleven Thrown!')
    if throw_1 == throw_2:
            print('Double Thrown!')
```

이 프로그램을 실행하면 결과는 다음과 비슷할 것이다.

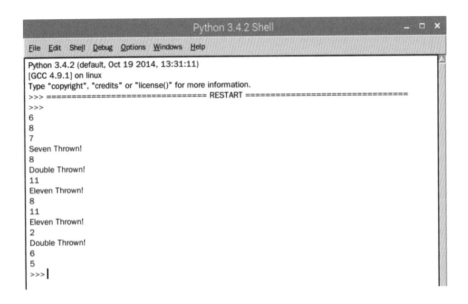

이 프로그램에서 첫 번째로 주목해야 할 것은 1에서 6 사이의 난수를 두 번 만드는 과정이다. 한 행마다 난수를 만들어내며, 두 눈의 합을 담기 위해 새로운 변수인 total을 사용했다.

if 명령 바로 다음에 조건(첫 조건은 total == 7)과 콜론이 나타나는데, 콜론 다음으로는 해당 조건이 참일 때만 실행되는 코드 행을 기록한다. '=='는 두 항목이 서로 같은지 비교하는 것으로 등호 기호를 두 번 겹쳐 사용한다. 두 번째 if는 들여쓰기를 하지 않았다. 따라서 첫 번째 if가 참이든 거짓이든 상관없이 실행된다. 두 번째 if는 주사위 두 눈의 합이 11인 경우를 찾는 것 외에는 첫 번째 if와 같다. 마지막 if는 앞의 두 if와 약간 다르다. 두 변수(throw_1과 throw_2)가 같은 값이 나왔는지 판단하는 if다.

비교

두 값이 같은지 판단하기 위해서는 '=='를 사용하며, 이것을 비교 연산자라 한다. 어떤 비교 연산자가 있는지는 다음을 참고한다.

비교 연산자	설명	예
==	같다	total == 11
!=	같지 않다	total != 11
>	보다 크다	total > 10
<	보다 작다	total < 3
>=	보다 크거나 같다	total >= 11
<=	보다 작거나 같다	total <= 2

파이썬 쉘에서 이들 비교 연산자를 시험해볼 수 있으며, 다음은 그 예제이다.

```
>>> 10 > 9
True
```

위의 코드는 파이썬을 통해 '10이 9보다 큰가?'라고 비교 연산을 수행한 결과로 'True(예)'로 응답했다. 이제는 반대로 10이 9보다 작은지 비교 연산 코드를 입력해본다.

```
>>> 10 < 9
False
```

Else

조건이 참이면 어떤 일을 하고, 참이 아니면 다른 일을 하는 수행하라는 할 때에 Else 문을 사용하여 이를 처리한다.

```
>>> a = 7
>>> if a > 7:
        print('a is big')
    else:
        print('a is small')
    a is small
```

여기서 두 메시지 가운데 하나만이 출력된다. 또 한 가지 변형으로 elif가 있다. elif는 else if를 줄인 명령이다. 이를 적용하면 앞의 예를 다음과 같이 삼단논법처럼 정리할 수 있다.

```
>>> a = 7
>>> if a > 9:
        print('a is very big')
elif    a > 7:
        print('a is fairy big')
else:
        print('a is small')
a is small
```

while

루프 처리를 위한 명령으로 while은 for와 다소 다르게 동작하지만, 조건이 바로 뒤에 나온다는 점에서 if와 비슷한 구석이 있다. 여기서 조건이라고 하면 루프 안에 계속 남아 있기 위한 기준을 가리킨다. 다시 말해 루프 안의 코드는 조건이 더는 참이 아닐 때까지 반복 실행된다. 즉, 어느 시점에서 조건이 거짓이 되는지 세심하게 주의를 기울여야 한다.

```
#03_double_dice_while
import random
while True:
        throw_1 = random.randint(1, 6)
        throw_2 = random.randint(1, 6)
        total = throw_1 + throw_2
        print(total)
        if throw_1 == 6 and throw_2 == 6:
                break
print('Double Six thrown!')
```

```
#03_dice
import random
while True:
    throw_1 = random.randint(1,6)
    throw_2 = random.randint(1,6)
    total = throw_1 + throw_2
    print("total",total)
    if throw_1 == 6 and throw_2 == 6:
        break

print('Double Six thrown!')
```

dice3.py - /home/pi/Python/dice3.py (3.4.2)

File Edit Format Run Options Windows Help

Ln: 7 Col: 24

Python 3.4.2 Shell

File Edit Shell Debug Options Windows Help

```
total 6
total 7
total 6
total 4
total 6
total 2
total 7
total 6
total 11
total 7
total 7
total 6
total 10
total 9
total 8
total 4
total 7
total 10
total 5
total 5
total 6
total 7
total 8
total 2
total 7
total 11
total 7
total 7
total 6
total 8
total 6
total 9
total 3
total 10
total 10
total 7
total 7
total 12
Double Six thrown!
>>>
```

Ln: 20 Col: 7

4.2 Python의 파일, 피클링, 그리고 인터넷

파이썬은 파일과 인터넷 프로그램을 쉽게 할 수 있는 방법을 제공하고 있으며, 파일은 데이터를 영구하게 저장할 수 있는 방법이다. 파이썬을 이용한 간단한 파일과 피클링 그리고 네트워크 프로그래밍을 해본다.

파일

이번엔 파일을 이용한 입출력 방법에 대해서 알아보자. 먼저 파일을 생성하기 위하여 다음의 명령어를 입력한다.

```
f = open("newfile.txt", 'w')
f.close()
```

파일을 생성하기 위해서는 open이란 내장 함수를 사용한다. open 함수는 다음과 같이 입력으로 파일이름과 파일열기모드라는 것을 받고 리턴값으로 파일 객체를 돌려준다.

파일객체 = open(파일이름, 파일열기모드)

객체와 이름은 자유롭게 설정이 가능하지만 모드는 정해진 값이 필요하며, 다음의 표에 정리했다.

파일열기모드	설명
r	읽기 - 파일을 읽기만 할 때 사용
w	쓰기 - 파일을 쓸 때 사용
a	추가 - 파일의 마지막에 새로운 내용을 추가할 때 사용

참고로 f.close()는 말 그대로 파일을 닫는 것을 말한다.

파일을 쓰기모드로 할 경우 해당 파일이 존재하면 원래 내용이 모두 사라지므로 주의하자. 파일을 원하는 디렉터리에 생성하고 싶다면 다음과 같이 하면 된다.

```
f = open("/home/pi/newfile.txt", 'w')
```

이제 쓰기모드로 열어놓은 파일에 내용을 추가해보자. 모듈에 다음과 같이 입력한다.

```
>>> for i in range(1, 11):
    data = "%d \n" % i
    f.write(data)
>>> f.close
```

제대로 되었다면 다음의 화면과 같을 것이다.

```
Python 3.4.2 Shell

File  Edit  Shell  Debug  Options  Windows  Help

Python 3.4.2 (default, Oct 19 2014, 13:31:11)
[GCC 4.9.1] on linux
Type "copyright", "credits" or "license()" for more information.
>>> f = open("/home/pi/newfile.txt", 'w')
>>> for i in range(1, 11) :
        data = "%d \n" % i
        f.write(data)


3
3
3
3
3
3
3
3
3
4
>>> f.close
<built-in method close of _io.TextIOWrapper object at 0x75841ab0>
>>>
```

이번엔 파일을 읽어보자. 앞의 텍스트 파일을 r로 먼저 open하자.

읽는 방법은 readline(), readlines(), read()의 3가지가 있으며. readline()는 열린 파일의 첫 번째 줄을 읽으며, readlines()는 열린 파일의 모든 라인을 한꺼번에 읽어서 각각의 줄을 요소로 갖는 리스트로 돌려준다. 그리고 read()는 열린 파일의 전부 읽은 문자열을 돌려준다.

```
>>> f = open("/home/pi/newfile.txt",'r')
>>> while 1:
            line = f.readline()
            if not line: break
            print(line)
>>> f.close
```

```
>>> f = open("/home/pi/newfile.txt",'r')
>>> lines = f.readlines()
>>> for line in lines:
            print(line)
>>> f.close
```

```
>>> f = open("/home/pi/newfile.txt",'r')
>>> data = f.read()
>>> print(data)
>>> f.close
```

결과 값은 각자 확인해보면, 출력은 read()를 제외하곤 같은 결과 값이 나올 것이다. readline()과 readlines()는 끝에 "\n"까지 출력하고 다음 줄로 넘어가기 때문에 한 칸이 띄어져 출력되고 read()는 문자열 전체를 한 번에 읽어서 출력하기 때문에 텍스트와 동일하게 출력된다.

추가모드는 파일의 마지막으로 쓰인 부분부터 새롭게 쓰기모드를 한다고 생각하면 된다. 다음과 같이 파일 내용을 추가해보자.

```
>>> f = open("/home/pi/newfile.txt",'a')
>>> for i in range(11, 21):
            data = "%d " % i
            f.write(data)
>>> f.close
```

그러면 다음과 같이 내용이 추가되었을 것이다.

피클링

피클링을 말하기 전에 먼저 피클(pickle)을 이야기하자면 파이썬에서 제공하는 표준 라이브러리이다. 피클을 사용하여 작성하거나 수정한 데이터를 파일에 피클링하면 데이터는 영구적으로 존재하게 되고, 나중에 다른 프로그램이 읽을 수도 있다. 결국 데이터를 파일에 피클링한다는 말은 데이터를 디스크에 저장 또는 다른 곳으로 전송하는 것을 말하며 이미 피클링되어 있는 데이터를 파일에서 꺼내서 파이썬 메모리에 있는 원래의 형태로 출력할 수도 있다.

종합하자면 다음과 같다.

- 피클링 : 영구 저장소에 데이터 객체를 저장하는 처리
- 언피클링 : 영구 저장소에 저장된 데이터 객체를 읽어오는 처리

이제 피클을 이용하여 파일을 저장하고, 읽어오는 방법을 알아보기 위하여 다음의 코드를 입력하자. 먼저 저장하는 부분이다.

```python
import pickle
alphabet = ['a', 'b', 'c', 'd', 'e', 'f', 'g']
try:
    with open('alphabet.txt', 'wb')as alpha_file:
            pickle.dump(alphabet, alpha_file)
except IOError as err:
    print('File error: ' + str(err))
except pickle.PickleError as perr:
    print('Pickling error: ' + str(perr))
```

위에서 w가 아닌 wb인 이유는 피클로 작업을 할 때에는 파일을 '이진 접근 모드'로 열어야 되기 때문이다. 모듈을 실행한 후에 alphabet.txt를 보면 다음과 같이 내용이 이상할 것이다. 파이썬이 자신의 고유한 형식으로 저장해서 앞에서와 같은 문자가 나오는 것이다.

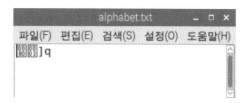

이제 위의 텍스트 파일을 불러오는 코드를 작성해보자. 다음과 같이 입력한다.

```
import pickle
load_alpha = []
try:
    with open('alphabet.txt', 'rb')as alpha_file:
            load_alpha = pickle.load(alpha_file)
    print(load_alpha)
except IOError as err:
    print('File error: ' + str(err))
except pickle.PickleError as perr:
    print('Pickling error: ' + str(perr))
```

모듈을 돌리면 다음과 같이 alphabet의 값이 제대로 출력되는 것을 확인할 수 있다.

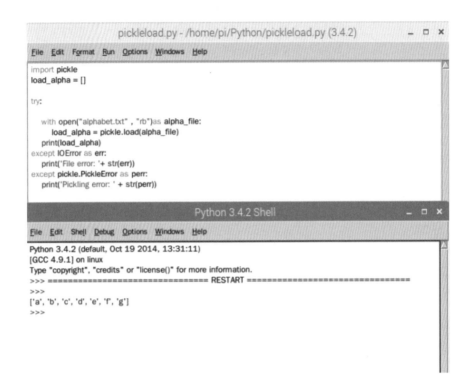

인터넷

파이썬은 네트워크 프로그래밍도 지원한다. 간단하게 소켓라이브러리를 활용한 서버와 클라이언트 프로그램을 작성해보자. 이 프로그램은 서버에 접속한 뒤 클라이언트에서 메시지를 보내면 그대로 서버에서 다시 클라이언트로 메시지를 보내는 프로그램이다.

● 서버 측 파이썬 프로그램

```
import socket

def Main():
    host = "127.0.0.1"
    port = 5000

    mySocket = socket.socket()
```

```
        mySocket.bind((host,port))


        mySocket.listen(1)
        conn, addr = mySocket.accept()
        print ("Connection from: " + str(addr))
        while True:
            data = conn.recv(1024).decode()
            if not data:
                break
            print ("from connected  user: " + str(data))


            data = str(data).upper()
            print ("sending: " + str(data))
            conn.send(data.encode())


        conn.close()


if __name__ == '__main__':
    Main()
```

● 클라이언트 측 파이썬 프로그램

```
    import socket

    def Main():
        host = '127.0.0.1'
        port = 5000

        mySocket = socket.socket()
        mySocket.connect((host,port))
```

```python
    message = input(" -> ")

    while message != 'q':
        mySocket.send(message.encode())
        data = mySocket.recv(1024).decode()

        print ('Received from server: ' + data)

        message = input(" -> ")

    mySocket.close()

if __name__ == '__main__':
    Main()
```

프로그램을 실행하면 다음과 같다.

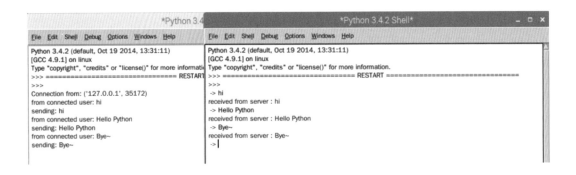

4.3 Python GUI

4.3.1 Tkinter

Tkinter는 Tk GUI 시스템의 파이썬 인터페이스를 가리키며, Tkinter는 파이썬에 포함되어 제공되므로 따로 설치할 것은 없다. 먼저 기본적으로 다음의 프로그램을 만들어보자.

```python
from tkinter import *
root = Tk()
Label(root, text='Hello World').pack()
root.mainloop()
```

모듈을 실행하면 다음과 윈도우가 나타난다.

4.3.2 GUI 위젯

다음의 코드와 그림을 보면 각 위젯의 선언방법과 그에 따른 출력화면을 확인할 수 있다.

```python
from tkinter import *

class App:

    def __init__(self, master):
        frame = Frame(master)
        frame.pack()
        #Label
        Label(frame, text='Label').grid(row=0, column=0)
```

```python
#Entry(text field)
Entry(frame, text='Entry').grid(row=0, column=1)
#Button
Button(frame, text='Button').grid(row=0, column=2)
#Checkbutton
check_var = StringVar()
check    =    Checkbutton(frame,    text='Checkbutton',    variable=check_var,
onvalue='Y', offvalue='N')
check.grid(row=1, column=0)
#Listbox
listbox = Listbox(frame, height=3, selectmode=SINGLE)
for item in ['red', 'green', 'blue', 'yellow', 'pink']:
    listbox.insert(END, item)
listbox.grid(row=1, column=1)
#Radiobutton set
radio_frame = Frame(frame)
radio_selection = StringVar()
b1 = Radiobutton(radio_frame, text='portrait',
    variable=radio_selection, value='P')
b1.pack(side=LEFT)
b2 = Radiobutton(radio_frame, text='landscape',
    variable=radio_selection, value='L')
b2.pack(side=LEFT)
radio_frame.grid(row=1, column=2)
#Scale
scale_var = IntVar()
Scale(frame, from_=1, to=10, orient=HORIZONTAL,
        variable=scale_var).grid(row=2, column=0)
Label(frame, textvariable=scale_var,
        font=("Helvetica", 36)).grid(row=2, column=1)
#Message
```

```
            message = Message(frame,
                    text='Multiline Message Area')
            message.grid(row=2, column=2)
            #Spinbox
            Spinbox(frame, values=('a','b','c')).grid(row=3)
    root = Tk()
    root.wm_title('Kitchen Sink')
    app = App(root)
    root.mainloop()
```

몇 가지 위젯의 속성을 보충하자면 다음과 같다.

- 체크버튼 : check_var = StringVar()에서 onvalue와 offvalue의 값이 숫자라면 IntVar를 사용할
  수도 있다.
- 리스트박스 : 항목의 선택 방법을 조절하려면 selectmode의 값을 바꿔야 한다. 설정할 수 있는
  값은 다음과 같다.
  - SINGLE : 한 번에 하나만 선택 가능
  - BROWSE : SINGLE과 비슷하지만 마우스로만 선택할 수 있다는 점이 다르다. Tkinter로 구
    현될 때는 SINGLE과 별반 다르지 않다.
  - MULTIPLE : 시프트 클릭으로 하나 이상의 선택 가능
  - EXTENDED : MULTIPLE과 비슷하지만 컨트롤 시프트 클릭으로 범위 선택 가능

스크롤바

윈도우창에서 숨겨진 텍스트를 편하게 액세스하기 위해서는 스크롤바는 필수이며, 다음의 코

드는 텍스트 위젯에 스크롤바를 연결한 예제이다.

```python
from tkinter import *

class App:
    def __init__(self, master):
        canvas = Canvas(master, width=400, height=200)
        canvas.pack()
        canvas.create_rectangle(20,20,300,100,fill='blue')
        canvas.create_oval(30,50,290,190,fill='#ff2277')
        canvas.create_line(0,0,400,200,fill='black',width=5)

root = Tk()
app = App(root)
root. mainloop()
```

결과화면은 다음과 같다.

대화상자

이번엔 경고를 표시하는 대화상자를 만들어보자. 다음의 코드를 입력한다.

```python
from tkinter import *
import tkinter.messagebox as mb

class App:
    def __init__(self, master):
        b=Button(master, text='Press Me', command=self.info).pack()

    def info(self):
        mb.showinfo('Information', "Please don't press that button again!")

root = Tk()
app = App(root)
root.mainloop()
```

다음의 그림처럼 새로운 창의 Press Me를 클릭하면 information 창이 열리면서 다음과 같은 문자가 출력된다. tkinter.messagebox에는 showinfo뿐만 아니라 showwarning과 showerror 함수도 제공한다.

색상 선택기

색상 선택기는 색상을 RGB 요소를 나누어 리턴한다. 물론 표준 16진수 색상 문자열도 리턴하며, 다음의 코드를 실행해보자.

```
from tkinter import *
import tkinter.colorchooser as cc

class App:
    def __init__(self, master):
        b=Button(master, text='Color...', command=self.ask_color).pack()

    def ask_color(self):
        (rgb, hx) = cc.askcolor()
        print("rgb=" + str(rgb) + " hx=" + hx)

root = Tk()
app = App(root)
root.mainloop()
```

이 코드를 실행하면 다음 결과가 출력된다.

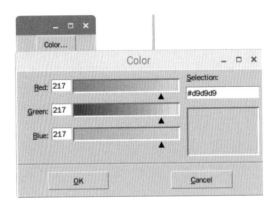

색깔을 선택하고 OK 버튼을 누르면 다음의 값이 출력되고 Color 창은 종료된다.

```
rgb=(158.6171875, 163.63671875, 112.4375) hx=#9ea370
```

메뉴

입력 필드 하나와 메뉴 옵션이 두 개가 있는 프로그램을 만들어보자. 다음의 코드를 입력한다.

```python
from tkinter import *

class App:
    def __init__(self, master):
        self.entry_text = StringVar()
        Entry(master, textvariable=self.entry_text).pack()
        menubar = Menu(root)
        filemenu = Menu(menubar, tearoff=0)
        filemenu.add_command(label='Quit', command=exit)
        menubar.add_cascade(label='File', menu=filemenu)
        editmenu = Menu(menubar, tearoff=0)
        editmenu.add_command(label='Fill', command=self.fill)
        menubar.add_cascade(label='Edit', menu=editmenu)
        master.config(menu=menubar)

    def fill(self):
        self.entry_text.set('abc')

root = Tk()
app = App(root)
root.mainloop()
```

이 프로그램을 실행하면 다음과 같이 File, Edit의 두 메뉴가 생기고 각각 Quit, Fill을 가지고 있으며 Quit를 실행하면 종료, Fill을 실행하면 창에 abc가 출력된다.

캔버스

마지막으로 캔버스를 사용하여 간단하게 직사각형, 타원, 직선을 그려보자. 다음의 코드를 입력한다.

```python
from tkinter import *

class App:
    def __init__(self, master):
        canvas = Canvas(master, width=400, height=200)
        canvas.pack()
        canvas.create_rectangle(20,20,300,100,fill='blue')
        canvas.create_oval(30,50,290,190,fill='#ff2277')
        canvas.create_line(0,0,400,200,fill='black',width=5)

root = Tk()
app = App(root)
root. mainloop()
```

실행 결과는 다음과 같다.

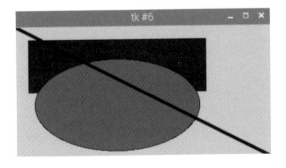

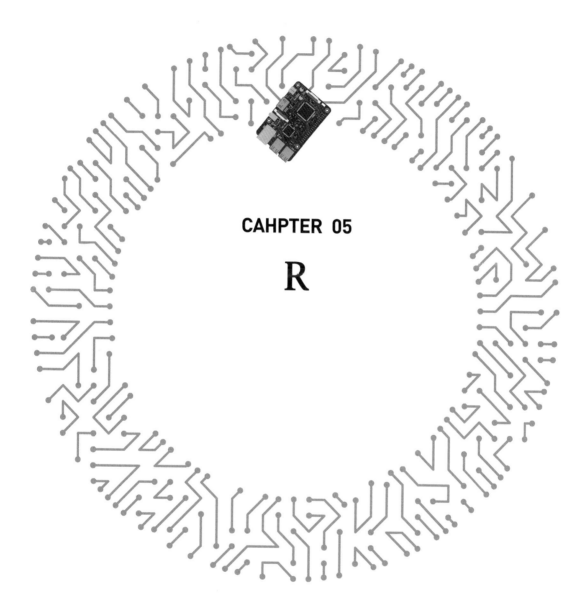

CAHPTER 05

R

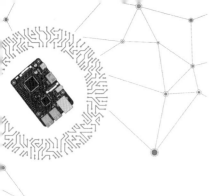

CAHPTER 05

R

    R 프로그래밍 언어는 통계 계산과 그래픽을 위한 프로그래밍 언어이자 소프트웨어 환경이다. 뉴질랜드 오클랜드 대학의 로스 이하카와 로버트 젠틀맨에 의해 시작되어 현재는 R 코어 팀이 개발하고 있다. R은 GPL 하에 배포되는 S 프로그래밍 언어의 구현으로 GNU S라고도 한다. R은 통계 소프트웨어 개발과 자료 분석에 널리 사용되고 있으며, 패키지 개발이 용이하여 통계학자들 사이에서 통계 소프트웨어 개발에 많이 쓰이고 있다.

    R은 다양한 통계 기법과 수치 해석 기법을 지원한다. R은 사용자가 제작한 패키지를 추가하여 기능을 확장할 수 있다. 핵심적인 패키지는 R과 함께 설치되며, CRAN(the Comprehensive R Archive Network)을 통해 2006년 현재 700개 이상의 패키지를 내려받을 수 있다. R의 또 다른 강점은 그래픽 기능으로 수학 기호를 포함할 수 있는 출판물 수준의 그래프를 제공한다. R은 통계 계산과 소프트웨어 개발을 위한 환경이 필요한 통계학자와 연구자들뿐만 아니라, 행렬 계산을 위한 도구로서도 사용될 수 있으며 이 부분에서 GNU Octave나 MATLAB에 견줄 만한 결과를 보여주며, R은 윈도우, 맥 OS 및 리눅스를 포함한 UNIX 플랫폼에서 이용 가능하다.

5.1 R 설치

관리자 권한으로 로그인 후, r-base 패키지를 설치한다.

```
$ su
# apt-get install r-base
```

```
pi@hadoop4:~ $ su
Password:
root@hadoop4:/home/pi# apt-get install r-base
Reading package lists... Done
Building dependency tree
Reading state information... Done
The following extra packages will be installed:
  bzip2-doc cdbs gfortran gfortran-4.9 libblas-dev libbz2-dev
  libgfortran-4.9-dev liblapack-dev libncurses5-dev libpaper-utils libpaper1
  libreadline-dev libreadline6-dev libtcl8.5 libtinfo-dev libtk8.5 r-base-core
  r-base-dev r-base-html r-cran-boot r-cran-class r-cran-cluster
  r-cran-codetools r-cran-foreign r-cran-kernsmooth r-cran-lattice r-cran-mass
  r-cran-matrix r-cran-mgcv r-cran-nlme r-cran-nnet r-cran-rpart
  r-cran-spatial r-cran-survival r-doc-html r-recommended zip
Suggested packages:
  devscripts gfortran-doc gfortran-4.9-doc libgfortran3-dbg liblapack-doc-man
  liblapack-doc ncurses-doc readline-doc tcl8.5 tk8.5 ess r-doc-info r-doc-pdf
  r-mathlib texlive-base texlive-latex-base texlive-generic-recommended
  texlive-fonts-recommended texlive-fonts-extra texlive-extra-utils
  texlive-latex-recommended texlive-latex-extra texinfo
The following NEW packages will be installed:
  bzip2-doc cdbs gfortran gfortran-4.9 libblas-dev libbz2-dev
  libgfortran-4.9-dev liblapack-dev libncurses5-dev libpaper-utils libpaper1
  libreadline-dev libreadline6-dev libtcl8.5 libtinfo-dev libtk8.5 r-base
```

중간에 [Y/n]가 나오면 Y를 누르고 Enter↵ 를 입력하며, 설치가 완료된 후에 커맨드 창에 R만 입력하면 실행이 된다.

```
# R
```

```
root@hadoop4:/home/pi# R

R version 3.1.1 (2014-07-10) -- "Sock it to Me"
Copyright (C) 2014 The R Foundation for Statistical Computing
Platform: arm-unknown-linux-gnueabihf (32-bit)

R is free software and comes with ABSOLUTELY NO WARRANTY.
You are welcome to redistribute it under certain conditions.
Type 'license()' or 'licence()' for distribution details.

  Natural language support but running in an English locale

R is a collaborative project with many contributors.
Type 'contributors()' for more information and
'citation()' on how to cite R or R packages in publications.

Type 'demo()' for some demos, 'help()' for on-line help, or
'help.start()' for an HTML browser interface to help.
Type 'q()' to quit R.

>
```

간혹 404 Not Found라는 에러가 뜨면서 설치가 안 되는 경우가 있디. 그 경우에는 다음과 같이 입력한 뒤 다시 설치하면 제대로 설치가 될 것이다.

rm /var/lib/apt/lists/* -vf
apt-get update

5.2 R을 이용한 테스트

5.2.1 시간 시각화

A. 인터넷 데이터를 이용한 막대그래프 그리기와 속성 적용하기

R에서 데이터를 불러오려면 read.csv() 명령을 사용한다.


```
> hotdogs <- read.csv("http://datasets.flowingdata.com/hot-dog-contest-winners.csv",
sep=",", header=TRUE)
> hotdogs
```

```
> hotdogs <- read.csv("http://datasets.flowingdata.com/hot-dog-contest-winners.c
sv", sep=",", header=TRUE)
> hotdogs
   Year                    Winner Dogs.eaten       Country New.record
1  1980 Paul Siederman & Joe Baldini       9.10 United States          0
2  1981              Thomas DeBerry      11.00 United States          0
3  1982              Steven Abrams      11.00 United States          0
4  1983               Luis Llamas      19.50        Mexico          0
5  1984              Birgit Felden       9.50       Germany          0
6  1985             Oscar Rodriguez      11.75 United States          0
7  1986               Mark Heller      15.50 United States          0
8  1987               Don Wolfman      12.00 United States          0
9  1988                Jay Green      14.00 United States          0
10 1989                Jay Green      13.00 United States          0
11 1990               Mike DeVito      16.00 United States          0
12 1991            Frank Dellarosa      21.50 United States          1
13 1992            Frank Dellarosa      19.00 United States          0
14 1993               Mike DeVito      17.00 United States          0
15 1994               Mike DeVito      20.00 United States          0
16 1995             Edward Krachie      19.50 United States          0
17 1996             Edward Krachie      22.25 United States          1
18 1997           Hirofumi Nakajima      24.50         Japan          1
19 1998           Hirofumi Nakajima      19.00         Japan          0
20 1999               Steve Keiner      20.25 United States          0
21 2000   Kazutoyo "The Rabbit" Arai      25.13         Japan          1
22 2001            Takeru Kobayashi      50.00         Japan          1
23 2002            Takeru Kobayashi      50.50         Japan          1
24 2003            Takeru Kobayashi      44.50         Japan          0
25 2004            Takeru Kobayashi      53.50         Japan          1
26 2005            Takeru Kobayashi      49.00         Japan          0
27 2006      Takeru "Tsunami" Kobayashi      53.75         Japan          1
28 2007               Joey Chestnut      66.00 United States          1
29 2008               Joey Chestnut      59.00 United States          0
30 2009               Joey Chestnut      68.00 United States          1
31 2010               Joey Chestnut      54.00 United States          0
>
```

> hotdogs$Dogs.eaten

```
> hotdogs$Dogs.eaten
 [1]  9.10 11.00 11.00 19.50  9.50 11.75 15.50 12.00 14.00 13.00 16.00 21.50
[13] 19.00 17.00 20.00 19.50 22.25 24.50 19.00 20.25 25.13 50.00 50.50 44.50
[25] 53.50 49.00 53.75 66.00 59.00 68.00 54.00
>
```

> barplot(hotdogs$Dogs.eaten)

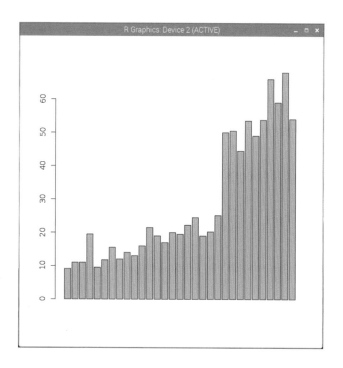

> barplot(hotdogs$Dogs.eaten, names.arg = hotdogs$Year)

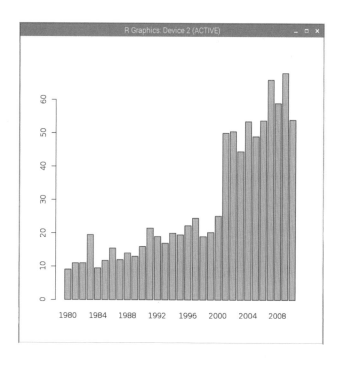

> barplot(hotdogs$Dogs.eaten, names.arg=hotdogs$Year, col="red", border=NA, xlab= "Year", ylab="Hot dogs and buns (HDB) eaten")

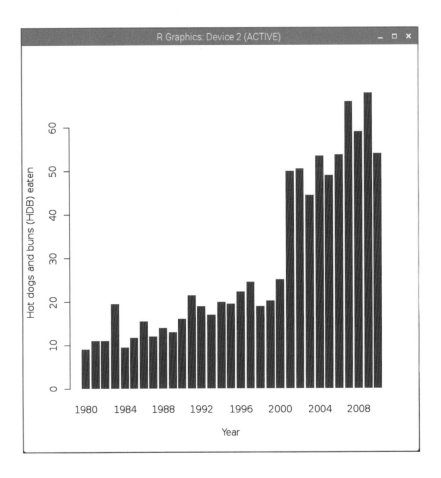

> fill_colors <- c()
> for(i in 1:length(hotdogs$Country)) {
+ if (hotdogs$Country[i] == "United States") {
+ fill_colors <- c(fill_colors, "#821122")
+ } else {
+ fill_colors <- c(fill_colors, "#cccccc")
+ }
+ }
> barplot(hotdogs$Dogs.eaten, names.arg=hotdogs$Year, col=fill_colors, border=NA,

xlab = "Year", ylab = "Hot dogs and buns (HDB) eaten")

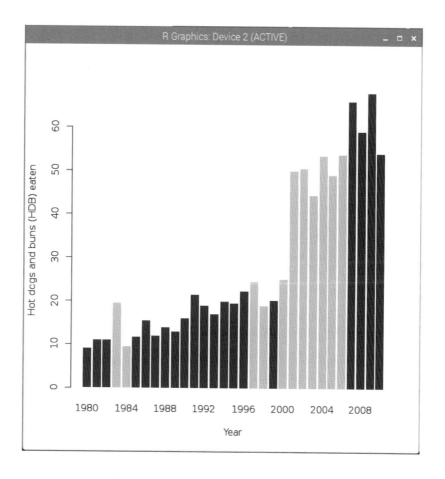

```
> fill_colors <- c()
> for(i in 1:length(hotdogs$New.record)) {
+ if (hotdogs$New.record[i] == 1) {
+ fill_colors <- c(fill_colors, "#821122")
+ } else {
+ fill_colors <- c(fill_colors, "#cccccc")
+ }
+ }
> barplot(hotdogs$Dogs.eaten, names.arg = hotdogs$Year, col = fill_colors, border = NA,
xlab = "Year", ylab = "Hot dogs and buns (HDB) eaten")
```

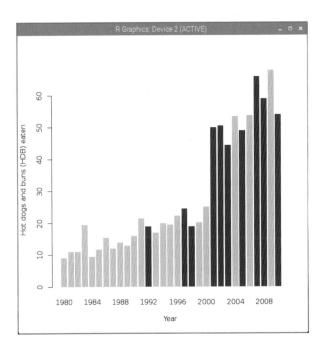

> barplot(hotdogs$Dogs.eaten, names.arg=hotdogs$Year, main="Nathan's Hot Dog Eating Contest Results, 1980-2010", col=fill_colors, border=NA, space=0.3, xlab="Year", ylab="Hot dogs and buns (HDB) eaten")

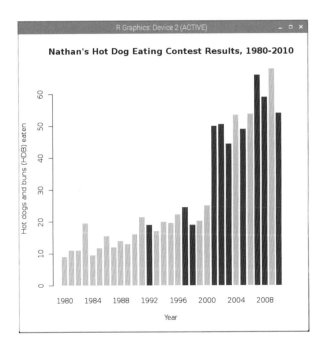

B. 인터넷 데이터를 이용한 누적 막대그래프 그리기와 속성 적용하기

> hot_dog_places <- read.csv("http://datasets.flowingdata.com/hot-dog-places.csv", sep = ",", header = TRUE)

> hot_dog_places

```
> hot_dog_places <- read.csv("http://datasets.flowingdata.com/hot-dog-places.csv
", sep=",", header=TRUE)
> hot_dog_places
  X2000 X2001 X2002 X2003 X2004 X2005 X2006 X2007 X2008 X2009 X2010
1    25  50.0  50.5  44.5  53.5    49    54    66    59  68.0    54
2    24  31.0  26.0  30.5  38.0    37    52    63    59  64.5    43
3    22  23.5  25.5  29.5  32.0    32    37    49    42  55.0    37
>
```

> names(hot_dog_places) <- c("2000", "2001", "2002", "2003", "2004", "2005", "2006", "2007", "2008", "2009", "2010")

> hot_dog_places

```
> names(hot_dog_places) <- c("2000", "2001", "2002", "2003", "2004", "2005", "20
06", "2007", "2008", "2009", "2010")
> hot_dog_places
  2000 2001 2002 2003 2004 2005 2006 2007 2008 2009 2010
1   25 50.0 50.5 44.5 53.5   49   54   66   59 68.0   54
2   24 31.0 26.0 30.5 38.0   37   52   63   59 64.5   43
3   22 23.5 25.5 29.5 32.0   32   37   49   42 55.0   37
>
```

> hot_dog_matrix <- as.matrix(hot_dog_places)

> hot_dog_matrix

```
> hot_dog_matrix <- as.matrix(hot_dog_places)
> hot_dog_matrix
     2000 2001 2002 2003 2004 2005 2006 2007 2008 2009 2010
[1,]   25 50.0 50.5 44.5 53.5   49   54   66   59 68.0   54
[2,]   24 31.0 26.0 30.5 38.0   37   52   63   59 64.5   43
[3,]   22 23.5 25.5 29.5 32.0   32   37   49   42 55.0   37
>
```

> barplot(hot_dog_matrix, border = NA, space = 0.25, ylim = c(0, 200), xlab = "Year", ylab = "Hot dogs and buns (HDBs) eaten", main = "Hot Dog Eating Contest Results, 1980-2010")

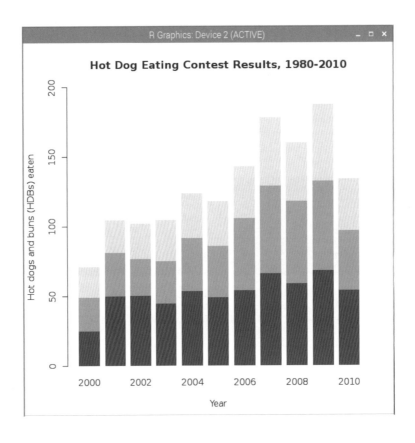

C. 점그래프

막대그래프보다 점그래프가 더 적절한 경우가 있다. 스캐터플롯(scatterplot)이라 불리는 이런 유형의 점그래프는 주로 시간과 관련되지 않은 데이터의 시각화에 널리 쓰인다.

> subscribers <- read.csv("http://datasets.flowingdata.com/flowingdata_subscribers.csv", sep=",", header=TRUE)
> subscribers[1:5,]

```
> subscribers <- read.csv("http://datasets.flowingdata.com/flowingdata_subscribe
rs.csv", sep=",", header=TRUE)
> subscribers[1:5,]
       Date Subscribers Reach Item.Views  Hits
1 01-01-2010       25047  4627       9682 27225
2 01-02-2010       25204  1676       5434 28042
3 01-03-2010       25491  1485       6318 29824
4 01-04-2010       26503  6290      17238 48911
5 01-05-2010       26654  6544      16224 45521
>
```

> plot(subscribers$Subscribers)

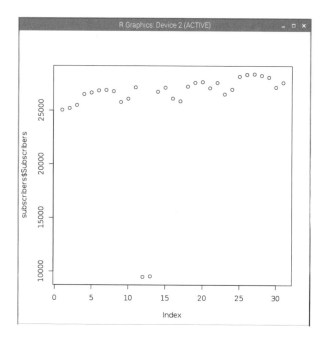

> plot(subscribers$Subscribers, type="p", ylim=c(0, 30000))

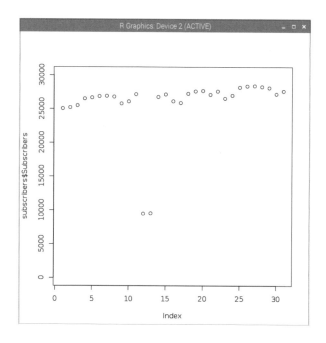

> plot(subscribers$Subscribers, type = "h", ylim = c(0, 30000), xlab = "Day", ylab = "Subscribers")

> points(subscribers$Subscribers, pch = 19, col = "black")

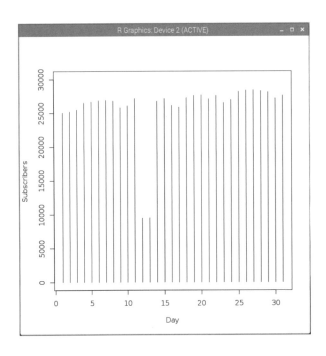

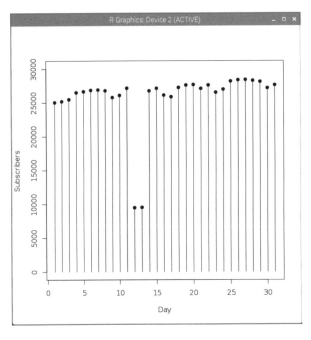

D. 시계열 그래프 그리기

R에서 스캐터플롯을 만드는 방법을 알고 있다면 시계열 그래프 만드는 방법은 이미 터득한 셈이다. 데이터를 가져와서 plot() 함수로 전달하면 된다. 다만 type 인수가 p가 아니라, 'line'을 의미하는 l을 입력한다는 점만 다르다.

```
> population <- read.csv("http://datasets.flowingdata.com/world-population.csv", sep=",",
header=TRUE)
> population
```

```
> population
   Year Population
1  1960 3028654024
2  1961 3068356747
3  1962 3121963107
4  1963 3187471383
5  1964 3253112403
6  1965 3320396924
7  1966 3390712300
8  1967 3460521851
9  1968 3531547287
10 1969 3606994959
11 1970 3682870688
12 1971 3761750672
13 1972 3839147707
14 1973 3915742695
15 1974 3992806090
16 1975 4068032705
17 1976 4141383058
18 1977 4214499013
19 1978 4288485981
20 1979 4363754326
21 1980 4439638086
22 1981 4516734312
23 1982 4595890494
24 1983 4675178812
25 1984 4753877875
26 1985 4834206631
27 1986 4918126890
28 1987 5004006066
29 1988 5090899475
30 1989 5178059174
31 1990 5266783430
32 1991 5351836347
33 1992 5433823608
34 1993 5516863641
35 1994 5598658151
36 1995 5681689325
37 1996 5762235749
38 1997 5842585301
39 1998 5921799957
40 1999 6001269553
```

```
41  2000  6078274622
42  2001  6155652495
43  2002  6232413711
44  2003  6309266583
45  2004  6385778679
46  2005  6462054420
47  2006  6538196688
48  2007  6614396907
49  2008  6692030277
50  2009  6775235741
>
```

> plot(population$Year, population$Population, type = "l", ylim = c(0, 7000000000), xlab = "Year", ylab = "Population")

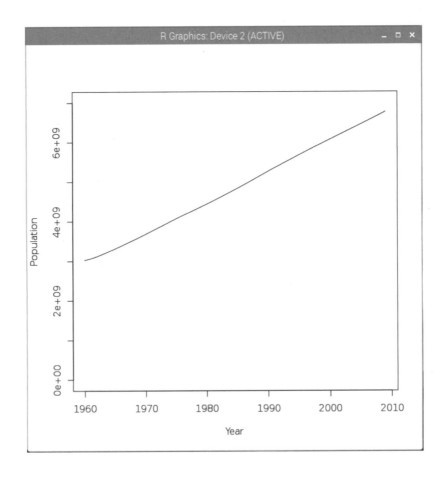

E. 계단식 그래프 그리기

R에서 계단식 그래프를 만드는 과정 역시 앞에서 설명한 3단계로 구성된다.

1. 데이터를 가져온다.
2. 데이터의 형식을 확인한다.
3. R 함수로 그래프를 그린다.

미국의 통계 연보에서 우편 요금 변화 기록의 데이터 파일을 찾아서 R로 가져온다.

```
> postage <- read.csv("http://datasets.flowingdata.com/us-postage.csv", sep=",", header=TRUE)
> postage
```

```
> postage <- read.csv("http://datasets.flowingdata.com/us-postage.csv", sep=",",
header=TRUE)
> postage
   Year Price
1  1991  0.29
2  1995  0.32
3  1999  0.33
4  2001  0.34
5  2002  0.37
6  2006  0.39
7  2007  0.41
8  2008  0.42
9  2009  0.44
10 2010  0.44
>
```

```
> plot(postage$Year, postage$Price, type="s")
```

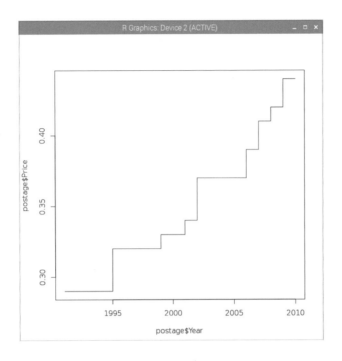

> plot(postage$Year, postage$Price, type="s", main="US Postage Rates for Letters, First Ounce, 1991-2010", xlab="Year", ylab="Postage Rate (Dollars)")

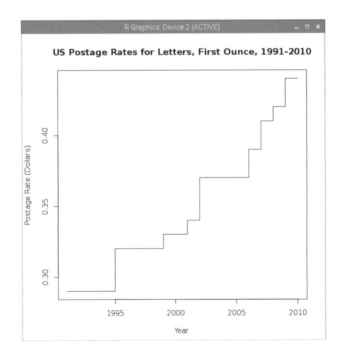

F. 값 보정과 추정

갖고 있는 데이터의 양이 많거나 데이터가 들쭉날쭉하다면, 그 안에서 경향이나 패턴을 확인하기가 어렵다. 이런 경우 추세선을 그으면 패턴을 좀 더 쉽게 파악할 수 있다.

윌리엄 클리블랜드와 수잔 데블린은 LOESS(locally weighted scatterplot smoothing)이라는 이름의 통계적 방법론으로 데이터의 곡률에 맞는 추세선을 그리는 방법을 제시하였다. LOESS는 데이터를 작은 조각들로 쪼개는 방법으로 시작한다. 각 조각마다 그 조각의 변화도를 나타내는 추세선을 만들고, 이렇게 여러 조각에 나뉘어 만든 추세선을 하나의 곡선 추세선으로 연결한다.

최근 약 50년 동안 미국의 실업률을 분기별 변화와 함께 많은 증가 감소 변화가 있어왔다. R의 plot() 함수로 데이터를 스캐터플롯으로 그려보자.

```
> unemployment <- read.csv("http://datasets.flowingdata.com/unemployment-rate-1948-2010.csv",
sep=",")
> unemployment[1:10,]
```

```
> unemployment <- read.csv("http://datasets.flowingdata.com/unemployment-rate-19
48-2010.csv", sep=",")
> unemployment[1:10,]
    Series.id Year Period Value
1  LNS14000000 1948    M01   3.4
2  LNS14000000 1948    M02   3.8
3  LNS14000000 1948    M03   4.0
4  LNS14000000 1948    M04   3.9
5  LNS14000000 1948    M05   3.5
6  LNS14000000 1948    M06   3.6
7  LNS14000000 1948    M07   3.6
8  LNS14000000 1948    M08   3.9
9  LNS14000000 1948    M09   3.8
10 LNS14000000 1948    M10   3.7
>
```

```
> plot(1:length(unemployment$Value), unemployment$Value)
```

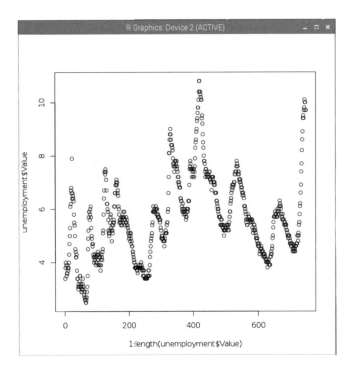

> scatter.smooth(x = 1:length(unemployment$Value), y = unemployment$Value)

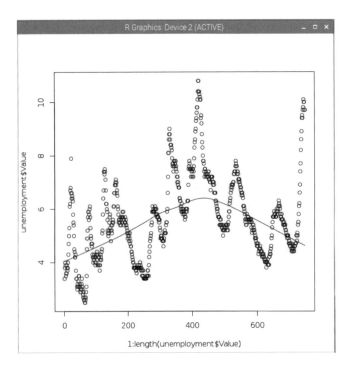

추세선의 곡률은 scatter.smooth() 함수의 degree와 span 인수로 조절할 수 있다. degree 인수는 조각 추정선의 차원을 설정하고, span 인수는 곡률의 매끄러운 정도를 설정한다.

```
> scatter.smooth(x=1:length(unemployment$Value), y=unemployment$Value, ylim=
c(0,11), degree=2, col="#cccccc", span=0.5)
```

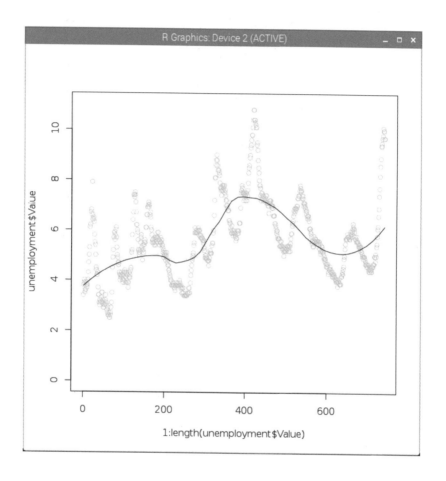

5.2.2 분포 시각화

A. 트리맵 그리기

R에서는 제프 에노스와 데이빗 캐인이 만든 포트폴리오 패키지가 트리맵을 지원한다.

```
> posts <- read.csv("http://datasets.flowingdata.com/post-data.txt")
```

```
> posts[1:10,]
```

```
> posts[1:10,]
     id  views comments                 category
1  5019 148896      28    Artistic Visualization
2  1416  81374      26             Visualization
3  1416  81374      26                  Featured
4  3485  80819      37                  Featured
5  3485  80819      37                   Mapping
6  3485  80819      37              Data Sources
7   500  76495      10  Statistical Visualization
8   500  76495      10                   Mapping
9   500  76495      10     Network Visualization
10 4092  66650      70        Ugly Visualization
>
```

```
> library(portfolio)
```

```
> library(portfolio)
Error in library(portfolio) : there is no package called 'portfolio'
>
```

다음에 오류library(portfolio) : 'portfolio'라는 이름의 패키지는 없다. 이는 install.packages로 해결 가능하다.

```
> install.packages("portfolio")
```

```
> install.packages("portfolio")
Installing package into '/usr/local/lib/R/site-library'
(as 'lib' is unspecified)
--- Please select a CRAN mirror for use in this session ---
```

그러나 다음과 같은 오류가 뜨게 될 경우가 있다.

```
> install.packages("portfolio")
Installing package into '/usr/local/lib/R/site-library'
(as 'lib' is unspecified)
--- Please select a CRAN mirror for use in this session ---
trying URL 'http://cran.nexr.com/src/contrib/portfolio_0.4-7.tar.gz'
Content type 'application/x-gzip' length 1573644 bytes (1.5 Mb)
opened URL
==================================================
downloaded 1.5 Mb


The downloaded source packages are in
        '/tmp/RtmpkwNbNI/downloaded_packages'
Warning messages:
1: In system2(cmd0, args, env = env, stdout = outfile, stderr = outfile) :
  system call failed: Cannot allocate memory
2: In install.packages("portfolio") :
  installation of package 'portfolio' had non-zero exit status
>
```

이를 해결하기 위해선 R을 최신 버전으로 설치해야 한다. 새로 터미널을 실행한 다음 아래 명령어를 입력한 뒤 /etc/apt/source.list를 다음과 같이 수정한다.

```
$ sudo apt-get remove r-base
$ sudo apt-get update
$ sudo nano /etc/apt/source.list
```

```
GNU nano 2.2.6          File: /etc/apt/sources.list          Modified
deb http://mirrordirector.raspbian.org/raspbian/ jessie main contrib non-free r$
# Uncomment line below then 'apt-get update' to enable 'apt-get source'
deb-src http://archive.raspbian.org/raspbian/ jessie main contrib non-free rpi
deb http://archive.raspbian.org/raspbian/ stretch main
deb http://mirror.las.iastate.edu/CRAN/bin/linux/debian/ jessie main
```

그 뒤 다음을 입력하여 설치한다.

```
$ su
# apt-get install r-base r-base-core r-base-dev
```

만약 다음과 같은 에러가 발생하면 apt --fix-broken install을 입력한 뒤 설치를 이어서 진행한다.

```
root@hadoop4:/home/pi# apt-get install r-base r-base-core r-base-dev
Reading package lists... Done
Building dependency tree
Reading state information... Done
r-base-core is already the newest version (3.3.3-1).
You might want to run 'apt --fix-broken install' to correct these.
The following packages have unmet dependencies:
 r-base : Depends: r-recommended (= 3.3.3-1) but it is not going to be installed
 sonic-pi : Depends: libQt5printsupport5 but it is not installable
E: Unmet dependencies. Try 'apt --fix-broken install' with no packages (or speci
fy a solution).
root@hadoop4:/home/pi# apt --fix-broken install
Reading package lists... Done
Building dependency tree
Reading state information... Done
Correcting dependencies... Done
```

설치가 끝나고 R을 입력하면 다음과 같이 버전이 업데이트된 것을 확인할 수 있다.

```
root@hadoop4:/home/pi# R

R version 3.3.3 (2017-03-06) -- "Another Canoe"
Copyright (C) 2017 The R Foundation for Statistical Computing
Platform: arm-unknown-linux-gnueabihf (32-bit)

R is free software and comes with ABSOLUTELY NO WARRANTY.
You are welcome to redistribute it under certain conditions.
Type 'license()' or 'licence()' for distribution details.

  Natural language support but running in an English locale

R is a collaborative project with many contributors.
Type 'contributors()' for more information and
'citation()' on how to cite R or R packages in publications.

Type 'demo()' for some demos, 'help()' for on-line help, or
'help.start()' for an HTML browser interface to help.
Type 'q()' to quit R.

>
```

이제 다시 portfolio 설치를 진행하면 다음과 같이 설치되는 것을 확인할 수 있다.

```
> install.packages("portfolio")
Installing package into '/usr/local/lib/R/site-library'
(as 'lib' is unspecified)
--- Please select a CRAN mirror for use in this session ---
trying URL 'http://cran.nexr.com/src/contrib/portfolio_0.4-7.tar.gz'
Content type 'application/x-gzip' length 1573644 bytes (1.5 MB)
==================================================
downloaded 1.5 MB

* installing *source* package 'portfolio' ...
** package 'portfolio' successfully unpacked and MD5 sums checked
** R
** data
** demo
** inst
** preparing package for lazy loading
** help
*** installing help indices
** building package indices
** installing vignettes
** testing if installed package can be loaded
* DONE (portfolio)

The downloaded source packages are in
        '/tmp/RtmpnP1c5D/downloaded_packages'
>
```

> library(portfolio)

```
> library(portfolio)
Loading required package: grid
Loading required package: lattice
Loading required package: nlme
>
```

>   map.market(id = posts$id,   area = posts$views,   group = posts$category,   color =
posts$comments, main = "FlowingData Map")

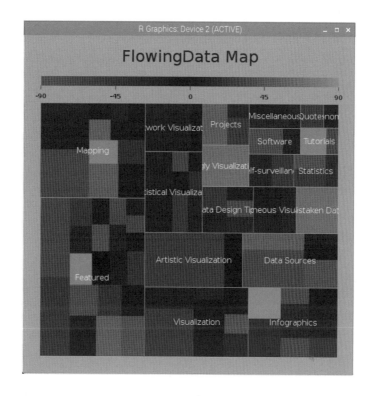

5.2.3 관계 시각화

A. 상관 관계

상관 관계는 한 가지 요소의 변화가 어떤 방법으로 다른 요소의 변화를 불러일으킨다는 뜻이다. 상관 관계를 알면 한 수치의 변화를 통해 다른 수치의 변화를 예측할 수 있다. 이러한 관계를 알아보기 위해 스캐터블롯과 멀티플 스캐터블롯을 이용한다.

(1) 스캐터블롯

미국 통계청의 미국 범죄율 데이터를 살펴보자. 2005년의 범죄율을 주별로 인구에 따라, 범죄 유형은 7가지로 발생 건을 인구 100,000명 중의 발생 비율로 나타낸 데이터이다.

```
> crime <- read.csv("http://datasets.flowingdata.com/crimeRatesByState2005.csv", sep =
",", header = TRUE)
> crime[1:3, ]
```

```
> crime <- read.csv("http://datasets.flowingdata.com/crimeRatesByState2005.csv",
 sep=",", header=TRUE)
> crim[1:3,]
Error: object 'crim' not found
> crime[1:3,]
         state murder forcible_rape robbery aggravated_assault burglary
1 United States    5.6          31.7   140.7              291.1    726.7
2       Alabama    8.2          34.3   141.4              247.8    953.8
3        Alaska    4.8          81.1    80.9              465.1    622.5
  larceny_theft motor_vehicle_theft population
1        2286.3               416.7 295753151
2        2650.0               288.3   4545049
3        2599.1               391.0    669488
>
```

> plot(crime$murder, crime$burglary)

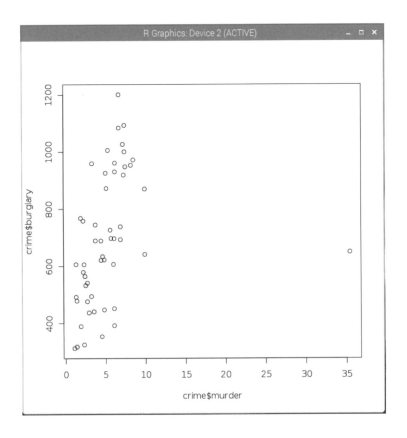

> crime2 <- crime[crime$state != "District of Columbia",]

> crime2 <- crime2[crime2$state != "United States",]

> plot(crime2$murder, crime2$burglary)

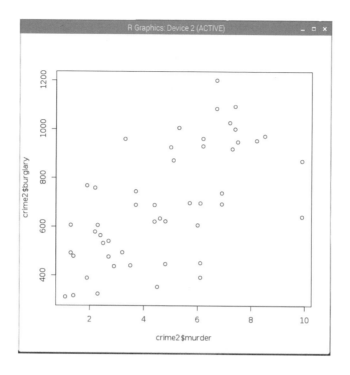

> plot(crime2$murder, crime2$burglary, xlim=c(0,10), ylim=c(0, 1200))

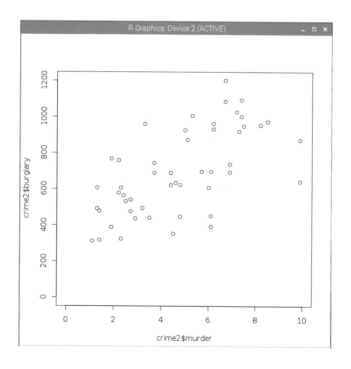

> scatter.smooth(crime2$murder, crime2$burglary, xlim=c(0, 10), ylim=c(0, 1200))

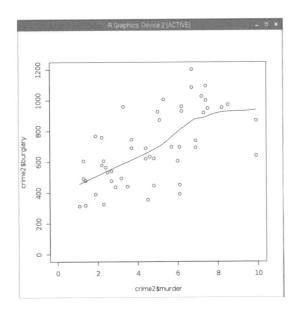

(2) 멀티플 스캐터블롯

> plot(crime2[,2:9])

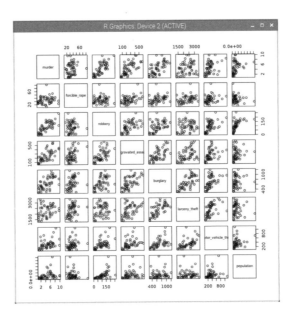

```
> pairs(crime2[,2:9], panel = panel.smooth)
```

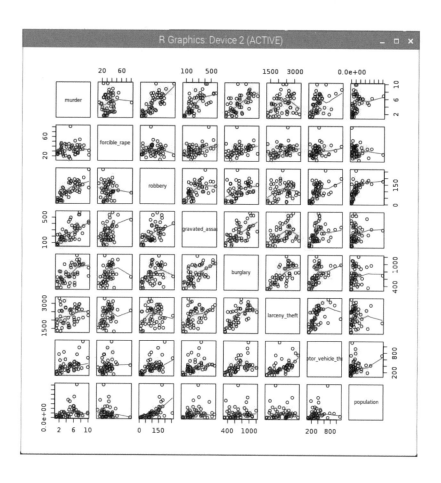

(3) 버블 차트 그리기

미국 통계청의 주별 범죄 발생 빈도 데이터를 이용하여 그 주의 인구 규모를 버블의 크기로
표현해보자. symbol() 함수로 버블을 그린다.

```
> crime <- read.csv("http://datasets.flowingdata.com/crimeRatesByState2005.tsv", header
 = TRUE, sep = "\t")
> crime[1:5, ]
```

```
> crime[1:5,]
      state murder Forcible_rate Robbery aggravated_assult burglary
1   Alabama    8.2          34.3   141.4              247.8    953.8
2    Alaska    4.8          81.1    80.9              465.1    622.5
3   Arizona    7.5          33.8   144.4              327.4    948.4
4  Arkansas    6.7          42.9    91.1              386.8   1084.6
5 California    6.9          26.0   176.1              317.3    693.3
  larceny_theft motor_vehicle_theft population
1        2650.0               288.3    4627851
2        2599.1               391.0     686293
3        2965.2               924.4    6500180
4        2711.2               262.1    2855390
5        1916.5               712.8   36756666
>
```

> symbols(crime$murder, crime$burglary, circles = crime$population)

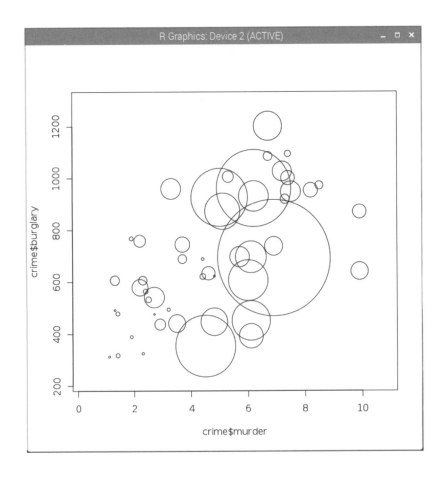

앞의 코드는 인구 규모와 원의 반지름이 비례하도록 되었으나 원의 면적이 인구 규모에 비례

해야 한다.

```
> radius <- sqrt(crime$population/ pi)
> symbols(crime$murder, crime$burglary, circles = radius)
```

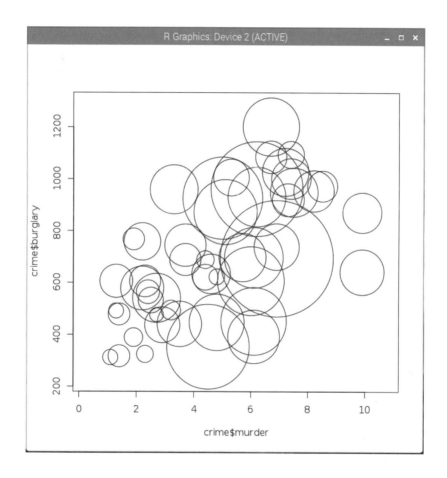

인구 규모의 제곱근 값을 담고 있는 벡터를 만들어 radius 변수에 저장하였다. 반지름을 정확하게 계산하여 버블 차트를 그렸으나 엉망진창이 되었다. 그래서 원의 크기를 전반적으로 줄일 필요가 있다. inches 인수는 symbol() 함수에서 그리는 가장 큰 원의 크기를 인치 단위로 설정해준다.

```
> symbols(crime$murder, crime$burglary, circles = radius, inches = 0.35, fg = "white", bg =
"red", xlab = "Murder Rate", ylab = "Burglary Rate")
```

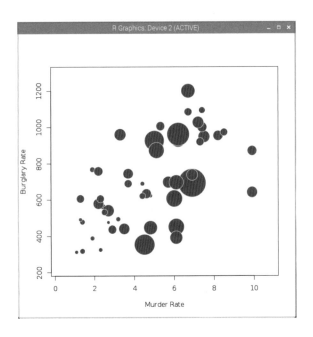

symbol() 함수는 원이 아닌 다른 모양을 취할 수 있으며, 정사각형, 직사각형, 써모미터, 박스블롯, 별 모양을 선택할 수 있다.

```
> symbols(crime$murder, crime$burglary, squares = sqrt(crime$population), inches = 0.5)
```

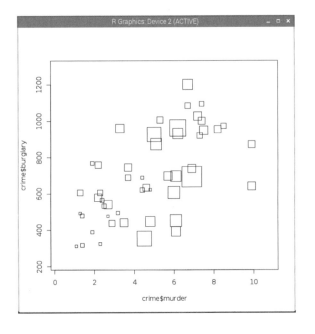

이 전의 버블 차트의 원에 라벨을 추가해보자. 라벨은 text() 함수를 이용하며, x 좌표, y 좌표 그리고 출력할 문구를 인수로 받는다. 인수 cex는 출력 문구의 크기를 설정하며, 기본값은 1이다.

> symbols(crime$murder, crime$burglary, circles=radius, inches=0.35, fg="white", bg= "red", xlab="Murder Rate", ylab="Burglary Rate")
> text(crime$murder, crime$burglary, crime$state, cex=0.5)

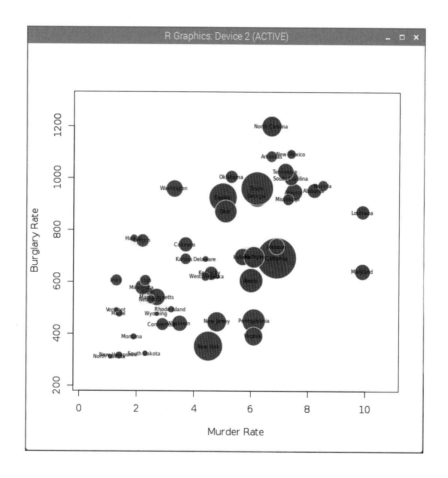

symbols() 함수에 자세한 정보가 필요하면 다음과 같이 입력한다.

> ?symbols

```
symbols                    package:graphics                    R Documentation

Draw Symbols (Circles, Squares, Stars, Thermometers, Boxplots)
Description:

    This function draws symbols on a plot.  One of six symbols;
    _circles_, _squares_, _rectangles_, _stars_, _thermometers_, and
    _boxplots_, can be plotted at a specified set of x and y
    coordinates.  Specific aspects of the symbols, such as relative
    size, can be customized by additional parameters.

Usage:

    symbols(x, y = NULL, circles, squares, rectangles, stars,
            thermometers, boxplots, inches = TRUE, add = FALSE,
            fg = par("col"), bg = NA,
            xlab = NULL, ylab = NULL, main = NULL,
            xlim = NULL, ylim = NULL, ...)

Arguments:

    x, y: the x and y co-ordinates for the centres of the symbols.
          They can be specified in any way which is accepted by
          'xy.coords'.

 circles: a vector giving the radii of the circles.

 squares: a vector giving the length of the sides of the squares.

rectangles: a matrix with two columns.  The first column gives widths
            and the second the heights of rectangles.
```

B. 분포

평균은 모든 데이터 값의 합을 데이터의 개수로 나눈 값이다. 중앙값은 데이터를 가장 큰 값과 가장 작은 값까지 정렬했을 때 한가운데에 있는 값이다. 그리고 최빈값은 데이터에서 가장 자주 등장하는 값이다. 이 값들은 찾기 쉬운 특징이지만, 데이터 전체에 대해서 이야기하진 못한다. 이 값들이 의미하는 바는 데이터가 어떤 수치를 기준으로 분포해 있는가 하는 점뿐이다. 모든 데이터를 보려면, 분포 시각화로 볼 수 있다.

(1) 스템 플롯 그리기

R의 stem() 함수를 이용하여 세계은행에서 발표한 2008년의 세계 출생률로 스템 플롯을 그려 보자.

> birth <- read.csv("http://datasets.flowingdata.com/birth-rate.csv")

> stem(birth$X2008)

```
> birth <- read.csv("http://datasets.flowingdata.com/birth-rate.csv")
> stem(birth$X2008)

  The decimal point is at the |

   8 | 2371334468999
  10 | 01223455566999001222334555777889
  12 | 000111111356789993789
  14 | 0034566788991237
  16 | 227779123677889
  18 | 00233677888900448
  20 | 002444568891245679
  22 | 0057834579
  24 | 11456677771347
  26 | 31335667
  28 | 014999
  30 | 124234
  32 | 1449069
  34 | 556049
  36 | 8890
  38 | 023455823468
  40 | 23125
  42 | 699
  44 | 17
  46 | 252
  48 |
  50 |
  52 | 5
>
```

(2) 분포 막대 그리기

> hist(birth$X2008)

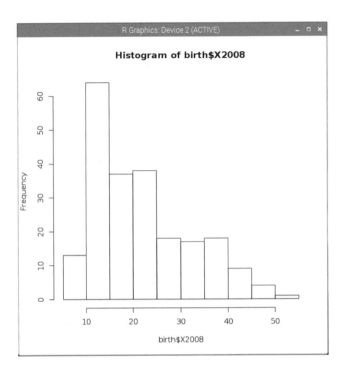

> hist(birth$X2008, breaks=20)

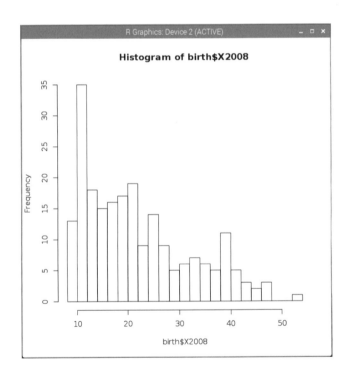

(3) 연속 밀도 함수

```
> birth2008 <- birth$X2008[!is.na(birth$X2008)]
> d2008 <- density(birth2008)
> d2008
```

```
> birth2008 <- birth$X2008[!is.na(birth$X2008)]
> d2008 <- density(birth2008)
> d2008

Call:
        density.default(x = birth2008)

Data: birth2008 (219 obs.);      Bandwidth 'bw' = 3.168

        x                      y
 Min.   :-1.299    Min.   :6.480e-06
 1st Qu.:14.786    1st Qu.:1.433e-03
 Median :30.870    Median :1.466e-02
 Mean   :30.870    Mean   :1.553e-02
 3rd Qu.:46.954    3rd Qu.:2.646e-02
 Max.   :63.039    Max.   :4.408e-02
>
```

```
> d2008$x
> d2008$y
```

위에서 구한 좌표를 write.table() 함수로 텍스트 파일에 저장한다. 작업 디렉터리에 birthdensity.txt 파일이 만들어진다.

```
> d2008frame <- data.frame(d2008$x, d2008$y)
> write.table(d2008frame, "birthdensity.txt", sep = "\t")
```

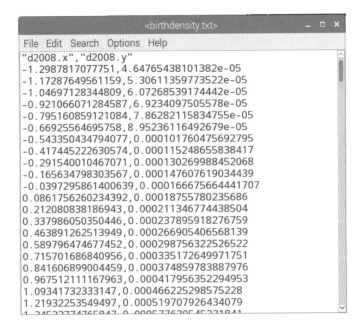

작업 디렉터리에 만들어진 birthdensity.txt 파일에서 행 번호를 매기지 않고, 탭 대신 쉼표를 구분자로 사용하려면 다음의 코드와 같이 작성한다.

```
> write.table(d2008frame, "birthdensity.txt", sep=",", row.names=FALSE)
```

```
> plot(d2008)
```

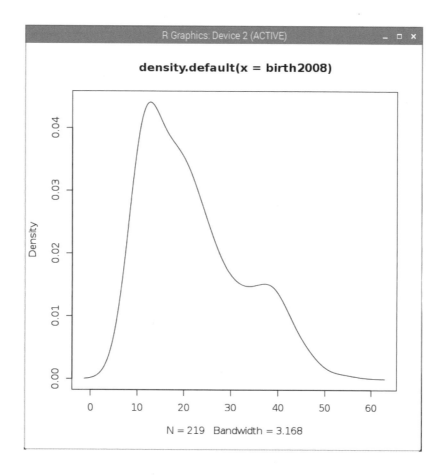

plot() 함수 대신 polygon() 함수를 사용하면 밀도 함수의 아래 영역을 채울 수 있다. 우선 plot() 함수로 축을 설정하되 type 인수에 "n"을 입력해서 그래프 내용을 빼고 그린다. 그다음 polygon() 함수로 그래프 내용을 채워 넣는다.

```
> plot(d2008, type="n")
> polygon(d2008, col="#821122", border="#cccccc")
```

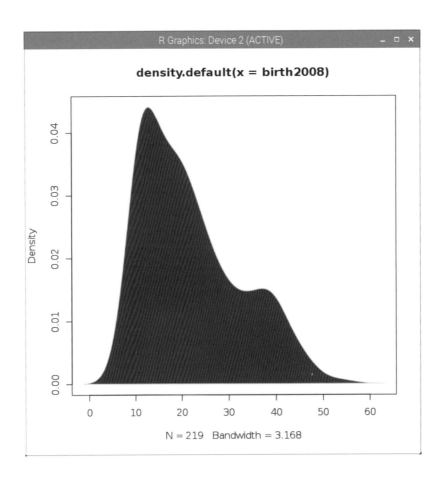

density.default(x = birth2008)

N = 219   Bandwidth = 3.168

히스토그램과 밀도 함수 그래프를 한 화면에 그려, 정확한 값은 막대로 표현하고 전반적인 경향은 곡선으로 알아보는 방법이 가능하다. lattice 패키지를 이용하여 histogram() 함수와 lines() 함수를 활용한다.

```
> library(lattice)
> histogram(birth$X2008, braks=10)
> lines(d2008)
```

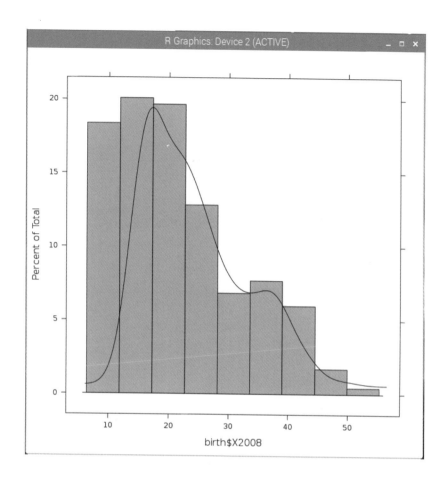

C. 비교

평균, 중앙값, 최빈값만 찾기보다는 여러 분포를 비교해보는 게 도움이 될 때가 있다. 무엇보다 종합적인 통계는 큰 그림을 설명해준다. 하나의 통계는 사실의 한 부분에 불과하다.

(1) 다수의 분포

```
> library(lattice)
> birth_yearly <- read.csv("http://datasets.flowingdata.com/birth-rate-yearly.csv")
> histogram(~ rate | year, data=birth_yearly, layout=c(10,5))
```

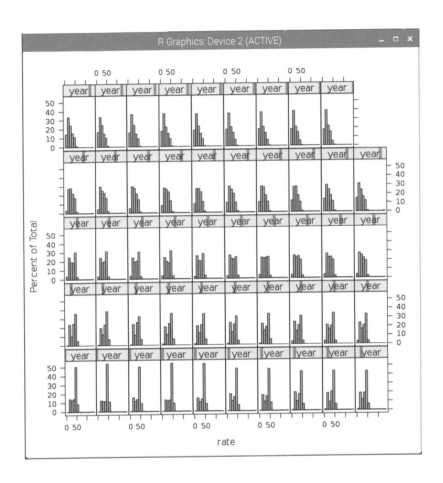

> summary(birth_yearly)

```
> summary(birth_yearly)
      year           rate
 Min.    :1960   Min.    :   6.90
 1st Qu.:1973   1st Qu.:  18.06
 Median :1986   Median :  29.61
 Mean   :1985   Mean    :  29.94
 3rd Qu.:1997   3rd Qu.:  41.91
 Max.    :2008   Max.    :132.00
>
```

summary() 함수에 의하여 최댓값 132을 확인할 수 있다. 그 이외의 값들은 100을 넘기는 값도 보이지 않으며, 입력 오류의 가능성이 높다. 입력 오류로 간주하고 간단히 데이터 자체를 제거하자.

> birth_yearly.new <- birth_yearly[birth_yearly$rate < 132,]

연도 표기를 문자열로 바꾸자.

> birth_yearly.new$year <- as.character(birth_yearly.new$year)

순서 정렬을 통한 히스토그램을 수정하여 저장한다.

> h <- histogram(~ rate | year, data = birth_yearly.new, layout = c(10,5))

update() 함수를 사용하여 히스토그램의 순서를 재정렬한다.

> update(h, index.cond = list(c(41:50, 31:40, 21:30, 11:20, 1:10)))

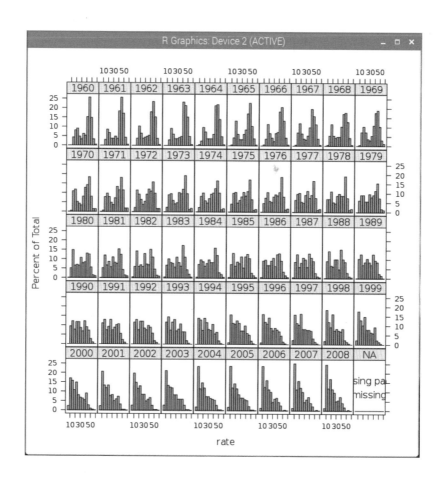

lattice 패키지의 histogram() 함수 대신 R 내장 기능인 hist() 함수로 히스토그램을 그리고 par() 레이아웃 기능으로 배치해보자.

```
> tvs <- read.table("http://datasets.flowingdata.com/tv_sizes.txt", sep = "\t", header = TRUE)
```

아웃라이어를 제거한다.

```
> tvs <- tvs[tvs$size < 80, ]
> tvs <- tvs[tvs$size > 10, ]
```

히스토그램의 구산 수를 설정한다.

```
> breaks = seq(10, 80, by=5)
```

레이아웃을 설정한다.

```
> par(mfrow=c(4,2))
```

히스토그램을 하나씩 그린다.

```
> hist(tvs[tvs$year == 2009,]$size, breaks=breaks)
> hist(tvs[tvs$year == 2008,]$size, breaks=breaks)
> hist(tvs[tvs$year == 2007,]$size, breaks=breaks)
> hist(tvs[tvs$year == 2006,]$size, breaks=breaks)
> hist(tvs[tvs$year == 2005,]$size, breaks=breaks)
> hist(tvs[tvs$year == 2004,]$size, breaks=breaks)
> hist(tvs[tvs$year == 2003,]$size, breaks=breaks)
> hist(tvs[tvs$year == 2002,]$size, breaks=breaks)
```

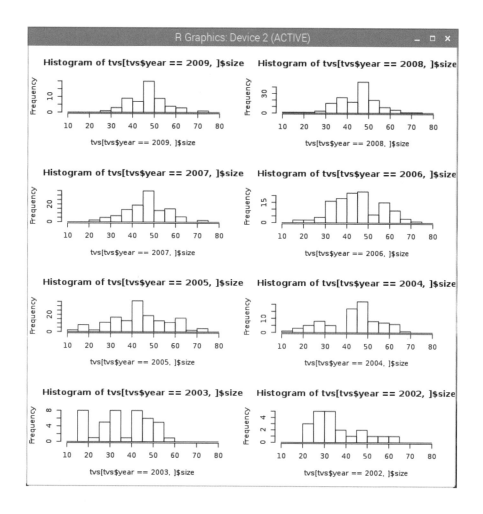

5.2.4 비교 시각화

A. 히트맵 그리기

R로 히트맵을 만드는 방법은 간단하며, R 내장함수로 히트맵의 모든 수학적 처리를 대신해주는 heatmap() 함수가 있다. heatmap() 함수는 아무리 많은 행과 열이 있더라도 데이터에 맞는 최적의 색상을 선정해주고, 라벨을 정렬해서 그려준다.

2008년 NBA 농구 선수 통계를 살펴보자.

```
> bball <- read.csv("http://datasets.flowingdata.com/ppg2008.csv", header = TRUE)
> bball[1:5,]
```

```
> bball <- read.csv("http://datasets.flowingdata.com/ppg2008.csv", header= TRUE)
> bball[1:5,]
            Name  G  MIN  PTS  FGM   FGA   FGP FTM FTA   FTP X3PM X3PA  X3PP ORB
1   Dwyane Wade  79 38.6 30.2 10.8 22.0 0.491 7.5 9.8 0.765  1.1  3.5 0.317 1.1
2   LeBron James 81 37.7 28.4  9.7 19.9 0.489 7.3 9.4 0.780  1.6  4.7 0.344 1.3
3    Kobe Bryant 82 36.2 26.8  9.8 20.9 0.467 5.9 6.9 0.856  1.4  4.1 0.351 1.1
4  Dirk Nowitzki 81 37.7 25.9  9.6 20.0 0.479 6.0 6.7 0.890  0.8  2.1 0.359 1.1
5  Danny Granger 67 36.2 25.8  8.5 19.1 0.447 6.0 6.9 0.878  2.7  6.7 0.404 0.7
  DRB TRB AST STL BLK  TO  PF
1 3.9 5.0 7.5 2.2 1.3 3.4 2.3
2 6.3 7.6 7.2 1.7 1.1 3.0 1.7
3 4.1 5.2 4.9 1.5 0.5 2.6 2.3
4 7.3 8.4 2.4 0.8 0.8 1.9 2.2
5 4.4 5.1 2.7 1.0 1.4 2.5 3.1
>
```

데이터 정렬은 order() 함수를 사용한다.

> bball <- bball[order(bball$FGP, decreasing = TRUE),]

> bball[1:5,]

> bball <- bball[order(bball$PTS, decreasing = FALSE),]

> bball[1:5,]


```
> bball <- bball[order(bball$PTS, decreasing=FALSE), ]
> bball[1:5,]
               Name  G  MIN  PTS FGM  FGA   FGP FTM FTA   FTP X3PM X3PA  X3PP
50   Nate Robinson  74 29.9 17.2 6.1 13.9 0.437 3.4 4.0 0.841  1.7  5.2 0.325
49   Allen Iverson  57 36.7 17.5 6.1 14.6 0.417 4.8 6.1 0.781  0.5  1.7 0.283
47   Rashard Lewis  79 36.2 17.7 6.1 13.8 0.439 2.8 3.4 0.836  2.8  7.0 0.397
48 Chauncey Billups 79 35.3 17.7 5.2 12.4 0.418 5.3 5.8 0.913  2.1  5.0 0.408
45 Maurice Williams 81 35.0 17.8 6.5 13.9 0.467 2.6 2.8 0.912  2.3  5.2 0.436
   ORB DRB TRB AST STL BLK  TO  PF
50 1.3 2.6 3.9 4.1 1.3 0.1 1.9 2.8
49 0.5 2.5 3.0 5.0 1.5 0.1 2.6 1.5
47 1.2 4.6 5.7 2.6 1.0 0.6 2.0 2.5
48 0.4 2.6 3.0 6.4 1.2 0.2 2.2 2.0
45 0.6 2.9 3.4 4.1 0.9 0.1 2.2 2.7
>
```

행 이름은 숫자가 아니라 선수의 이름으로 변경한다.

> row.names(bball) <- bball$Name

> bball <- bball[,2:20]

히트맵을 그리려면 데이터는 데이터 프레임이 아닌 행렬의 형태이어야 한다.

```
> bball_matrix <- data.matrix(bball)
```

cm.colors() 함수를 쓰면 사용할 색상의 범위를 파랑부터 빨강으로 설정하게 된다. cm.colors() 함수는 입력한 숫자 단계 길이의 파랑에서 빨강까지의 색상 범위를 16진수 색상 코드 벡터로 반환한다.

```
> bball_heatmap <- heatmap(bball_matrix, Rowv = NA, Colv = NA, col = cm.colors(256),
  scale = "column", margins = c(5,10))
```

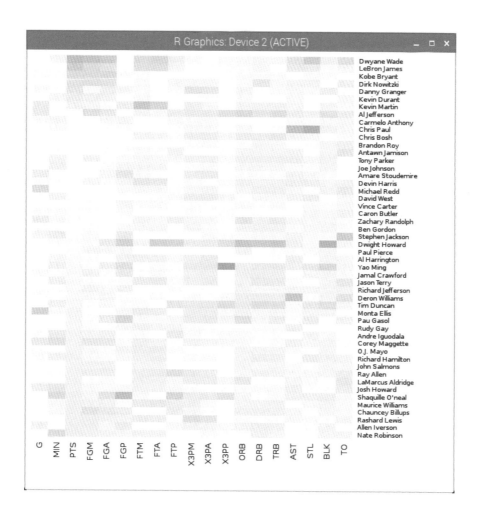

따뜻한 색감으로 바꾸어보자.

> bball_heatmap <- heatmap(bball_matrix, Rowv = NA, Colv = NA, col = heat.colors(256), scale = "column", margins = c(5,10))

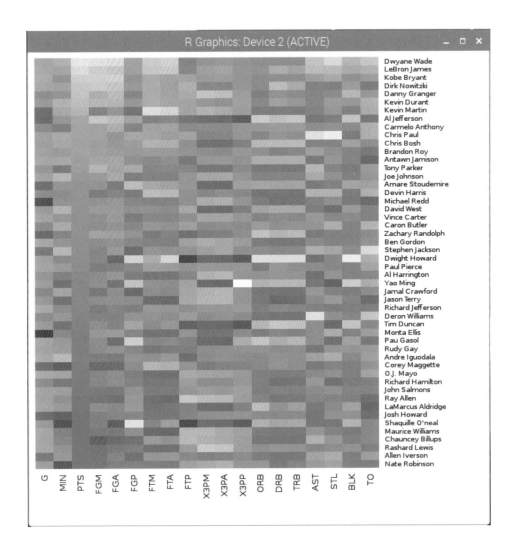

R 콘솔에서 cm.colors(10)을 입력하면 파랑부터 빨강까지 범위의 10개 색상 벡터를 확인할 수 있다.

```
> cm.colors(10)
 [1] "#80FFFFFF" "#99FFFFFF" "#B3FFFFFF" "#CCFFFFFF" "#E6FFFFFF" "#FFE6FFFF"
 [7] "#FFCCFFFF" "#FFB3FFFF" "#FF99FFFF" "#FF80FFFF"
>
```

> red_colors <- c("#ffd3cd", "#ffc4bc", "#ffb5ab", "#ffa69a", "#ff9789", "#ff8978",
"#ff7a67", "#ff6b56", "#ff5c45", "#ff4d34")
> bball_heatmap <- heatmap(bball_matrix, Rowv = NA, Colv = NA, col = red_colors, scale =
"column", margins = c(5,10))

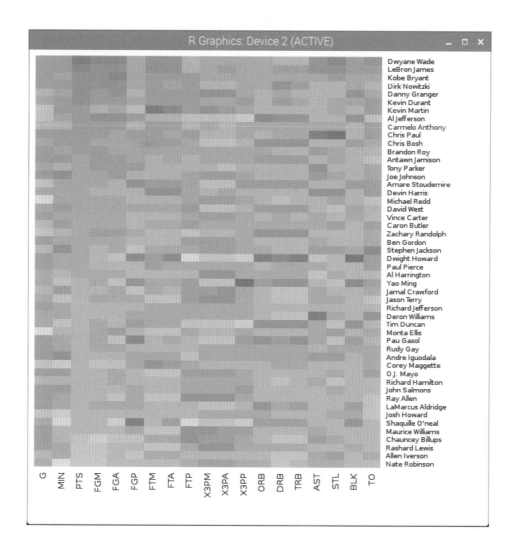

자신만의 색상을 일일이 입력하기 귀찮다면 RColorBrewer 패키지를 적용해볼 수 있다.

RColorBrewer 패키지는 R이 기본으로 내장하는 패키지가 아니므로 별도 패키지 설치 과정을 통해 설치해야 한다.

> install.packages("RColorBrewer")

```
> install.packages("RColorBrewer")
Installing package into '/usr/local/lib/R/site-library'
(as 'lib' is unspecified)
trying URL 'http://cran.nexr.com/src/contrib/RColorBrewer_1.1-2.tar.gz'
Content type 'application/x-gzip' length 11532 bytes (11 KB)
==================================================
downloaded 11 KB

* installing *source* package 'RColorBrewer' ...
** package 'RColorBrewer' successfully unpacked and MD5 sums checked
** R
** inst
** preparing package for lazy loading
** help
*** installing help indices
** building package indices
** testing if installed package can be loaded
* DONE (RColorBrewer)

The downloaded source packages are in
        '/tmp/RtmpnP1c5D/downloaded_packages'
>
```

> library(RColorBrewer)
> bball_heatmap <- heatmap(bball_matrix, Rowv=NA, Colv=NA, col=brewer.pal(9, "Blues"), scale="column", margins=c(5,10))

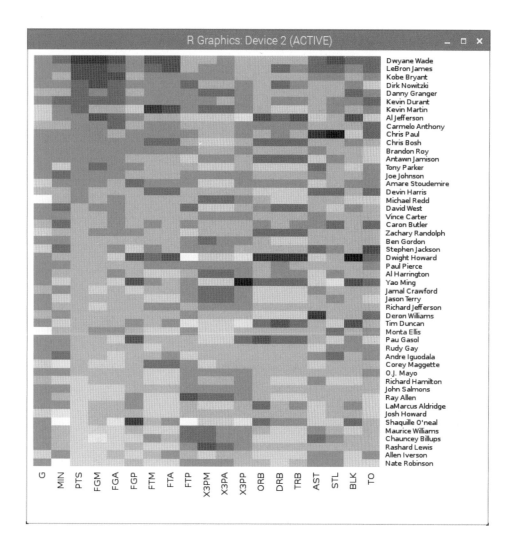

B. 스타 차트 그리기

스타 차트는 몇 개의 축을 그리고, 전체 공간에서 하나의 변수마다 축 위의 중앙으로부터의 거리로 수치를 나타낸다. 중점은 축이 나타내는 값의 최솟값을, 가장 먼 끝은 최댓값을 나타낸다. 하나의 대상에 대한 스타 차트를 그리면, 하나의 변수에서 다른 변수로 이어지는 연결선을 그린다. 그 결과는 별모양의 도형으로 나타난다.

```
> crime <- read.csv("http://datasets.flowingdata.com/crimeRatesByState-formatted.csv")
> stars(crime)
```

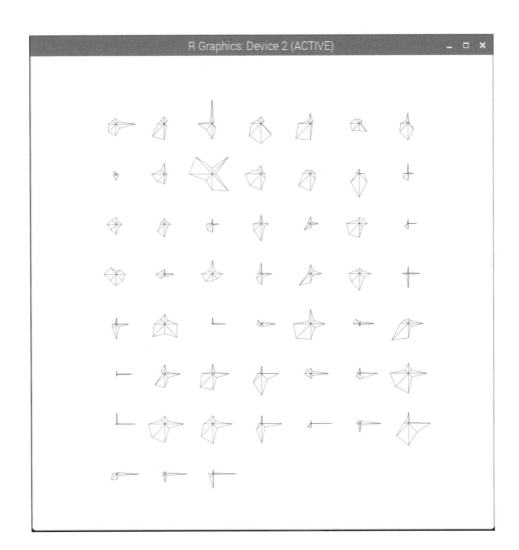

```
> row.names(crime) <- crime$state
> crime <- crime[,2:7]
> stars(crime, flip.labels=FALSE, key.loc = c(15, 1.5))
```

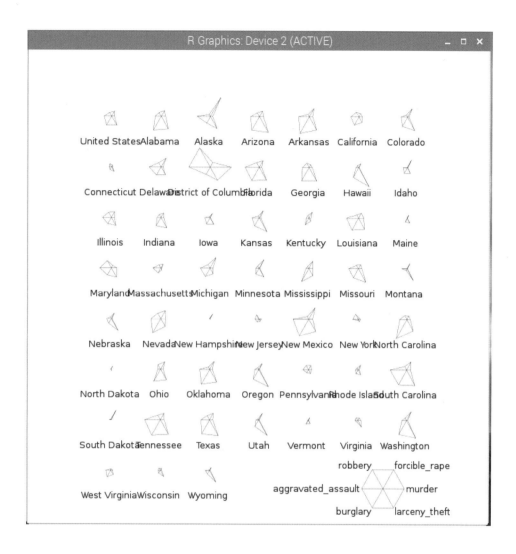

> stars(crime, flip.labels = FALSE, key.loc = c(15, 1.5), full = FALSE)

> stars(crime, flip.labels = FALSE, key.loc = c(15, 1.5), draw.segments = TRUE)

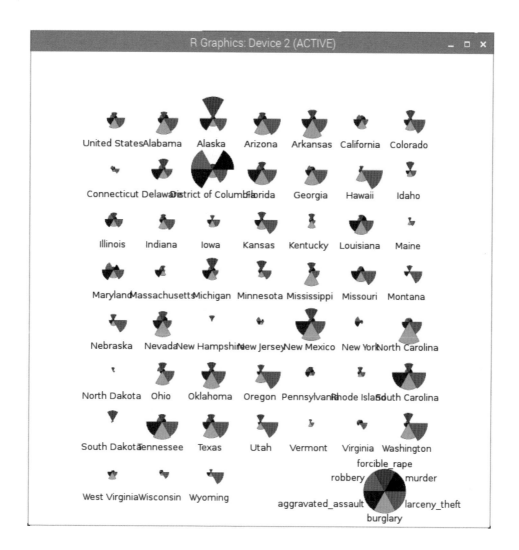

C. 평행 좌표계

스타 차트는 한 대상의 특징을 두드러지게 보여주고 있지만, 일련의 대상 또는 변수를 어떻게 관련지을 수 있을지는 알기 어렵디. 이 문제를 해결해줄 수 있는 방법이 1885년 모리스 도카네가 만든 평항 좌표계이다.

평행좌표계는 여러 축을 배치해서 만드는데, 한축에서 윗부분은 변수 값 범위의 최댓값을, 아래는 변수 값 범위의 최솟값을 나타낸다. 하나의 측정 대상은 변수 값에 따라 위아래로 이어지는 연결선으로 그려진다.

> education <- read.csv("http://datasets.flowingdata.com/education.csv", header = TRUE)

> education[1:10,]

```
> education <- read.csv("http://datasets.flowingdata.com/education.csv", header=
TRUE)
> education[1:10,]
                  state reading math writing percent_graduates_sat
1         United States     501  515     493                    46
2               Alabama     557  552     549                     7
3                Alaska     520  516     492                    46
4               Arizona     516  521     497                    26
5              Arkansas     572  572     556                     5
6            California     500  513     498                    49
7              Colorado     568  575     555                    20
8           Connecticut     509  513     512                    83
9              Delaware     495  498     484                    71
10 District of Columbia     466  451     461                    79
   pupil_staff_ratio dropout_rate
1                7.9          4.4
2                6.7          2.3
3                7.9          7.3
4               10.4          7.6
5                6.8          4.6
6               10.9          5.5
7                8.1          6.9
8                6.6          2.1
9                7.9          5.5
10               6.3          7.1
>
```

> library(lattice)

> parallelplot(education)

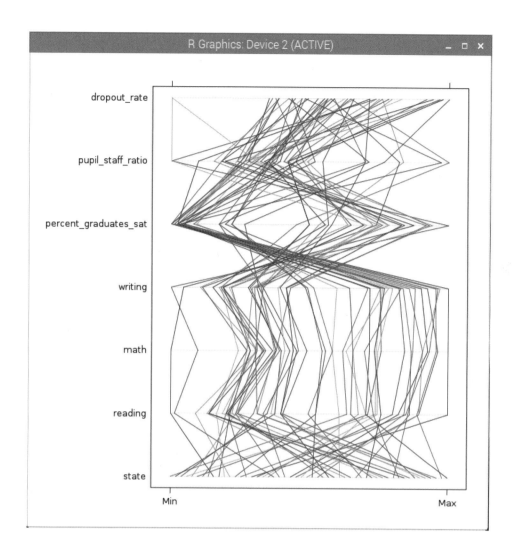

> parallelplot(education, horizontal.axis = FALSE)

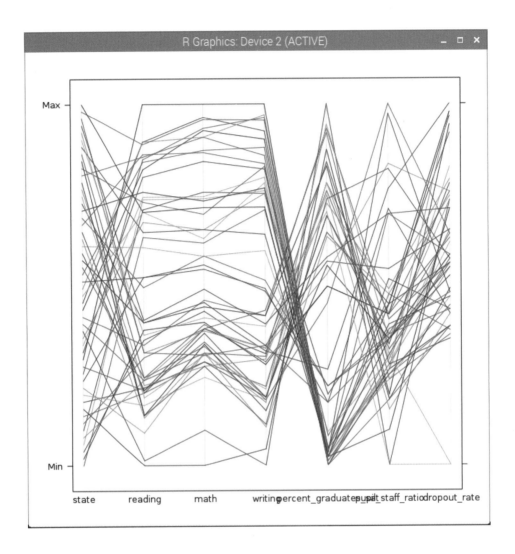

> parallelplot(education, horizontal.axis = FALSE, col = "#000000")

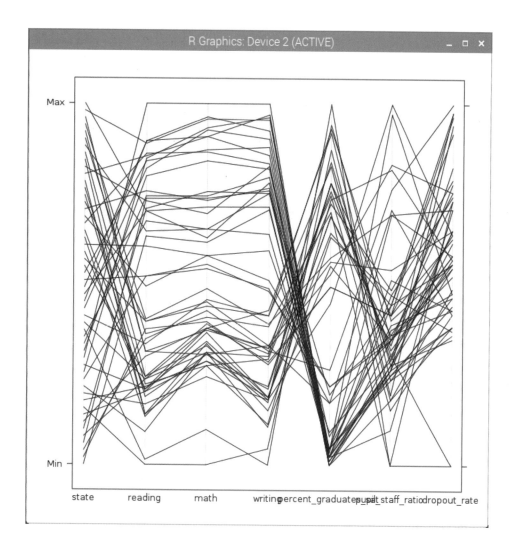

> summary(education)

```
> summary(education)
     state         reading          math           writing
 Alabama   : 1   Min.   :466.0   Min.   :451.0   Min.   :455.0
 Alaska    : 1   1st Qu.:497.8   1st Qu.:505.8   1st Qu.:490.0
 Arizona   : 1   Median :523.0   Median :525.5   Median :510.0
 Arkansas  : 1   Mean   :533.8   Mean   :538.4   Mean   :520.8
 California: 1   3rd Qu.:571.2   3rd Qu.:571.2   3rd Qu.:557.5
 Colorado  : 1   Max.   :610.0   Max.   :615.0   Max.   :588.0
 (Other)   :46
 percent_graduates_sat pupil_staff_ratio  dropout_rate
 Min.   : 3.00         Min.   : 4.900     Min.   :-1.000
 1st Qu.: 6.75         1st Qu.: 6.800     1st Qu.: 2.950
 Median :34.00         Median : 7.400     Median : 3.950
 Mean   :37.35         Mean   : 7.729     Mean   : 4.079
 3rd Qu.:66.25         3rd Qu.: 8.150     3rd Qu.: 5.300
 Max.   :90.00         Max.   :12.100     Max.   : 7.600
>
```

```
> reading_colors <- c()
> for(i in 1:length(education$state)) {
+ if(education$reading[i] > 523) {
+ col <- "#000000"
+ } else {
+ col <- "#cccccc"
+ }
+ reading_colors <- c(reading_colors, col)
+ }
> parallelplot(education[, 2:7], horizontal.axis=FALSE, col=reading_colors)
```

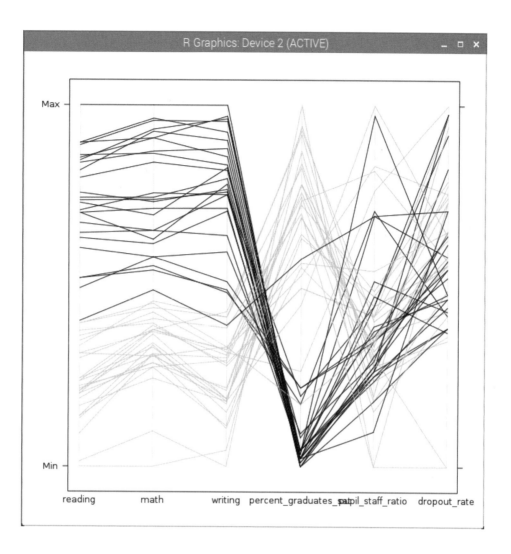

```
> dropout_colors <- c()
> for(i in 1:length(education$state)) {
+ if(education$dropout_rate[i] > 5.3) {
+ col <- "#000000"
+ } else {
+ col <- "#cccccc"
+ }
+ dropout_colors <- c(dropout_colors, col)
+ }
```

```
> parallelplot(education[,2:7], horizontal.axis=FALSE, col=dropout_colors)
```

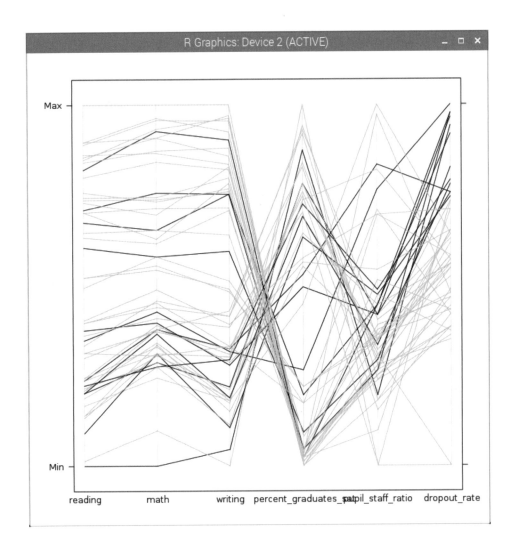

D. 다차원 척도법

평행 좌표 그래프의 주요한 목표는 감축이다. 데이터 변수 또는 데이터의 관측 대상을 일련의 그룹으로 묶을 수 있으며, 여러 지표에 따라 대상을 묶어볼 수 있다. 이것이 다차원 척도법(multi-dimensional scaling, MDS)의 하나의 목적이다. MDS는 모든 변수를 비교해서 비슷한 대상을 그래프상에 가깝게 배치한다.

```
> education <- read.csv("http://datasets.flowingdata.com/education.csv", header=TRUE)
```

```
> ed.dis <- dist(education[,2:7])
> ed.mds <- cmdscale(ed.dis)
> x <- ed.mds[,1]
> y <- ed.mds[,2]
> plot(x,y)
```

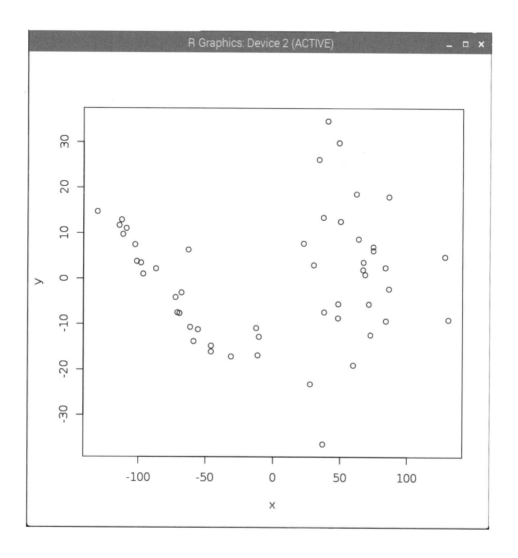

```
> plot(x,y, type = "n")
> text(x,y,labels = education$state)
```

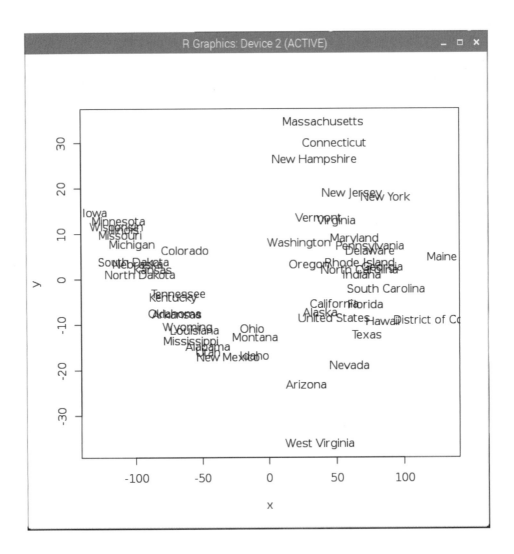

```
> dropout_colors <- c()
> for(i in 1:length(education$state)) {
+ if(education$dropout_rate[i] > 5.3) {
+ col <- "#000000"
+ } else {
+ col <- "#cccccc"
+ }
+ dropout_colors <- c(dropout_colors, col)
+ }
```

```
> text(x,y,labels = education$state,  col = dropout_colors)
```

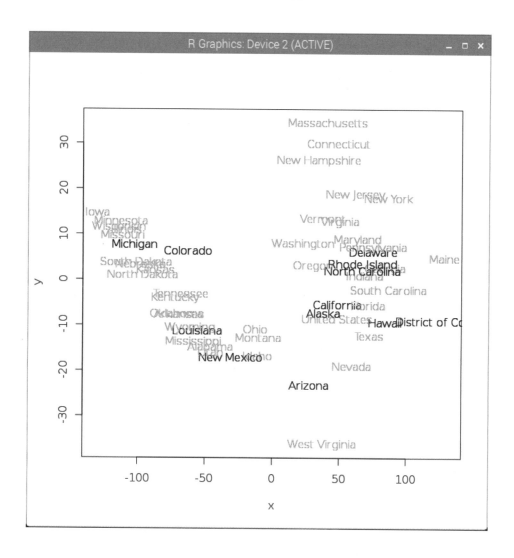

E. 모델 기반 클러스터링

MDS 결과에서 클러스터를 찾기 위해서는 mclust 패키지를 사용한다. mclust 패키지가 설치되지 않았다면 패키지를 설치한다.

```
> install.packages("mclust")
```

```
> install.packages("mclust")
Installing package into '/usr/local/lib/R/site-library'
(as 'lib' is unspecified)
--- Please select a CRAN mirror for use in this session ---
trying URL 'http://cran.nexr.com/src/contrib/mclust_5.3.tar.gz'
Content type 'application/x-gzip' length 2792962 bytes (2.7 MB)
==================================================
downloaded 2.7 MB

* installing *source* package 'mclust' ...
** package 'mclust' successfully unpacked and MD5 sums checked
** libs
gcc -std=gnu99 -I/usr/share/R/include -DNDEBUG      -fpic  -g -O2 -fdebug-prefix
-map=/build/r-base-saFpct/r-base-3.3.3=. -fstack-protector-strong -Wformat -Werr
or=format-security -Wdate-time -D_FORTIFY_SOURCE=2 -g  -c init.c -o init.o
gfortran   -fpic  -g -O2 -fdebug-prefix-map=/build/r-base-saFpct/r-base-3.3.3=.
-fstack-protector-strong  -c mclust.f -o mclust.o
gfortran   -fpic  -g -O2 -fdebug-prefix-map=/build/r-base-saFpct/r-base-3.3.3=.
-fstack-protector-strong  -c mclustaddson.f -o mclustaddson.o
gcc -std=gnu99 -shared -L/usr/lib/R/lib -Wl,-z,relro -o mclust.so init.o mclust.
o mclustaddson.o -llapack -lblas -lgfortran -lm -lgfortran -lm -L/usr/lib/R/lib
-lR
installing to /usr/local/lib/R/site-library/mclust/libs
** R
** data
** inst
** byte-compile and prepare package for lazy loading
** help
*** installing help indices
** building package indices
** installing vignettes
** testing if installed package can be loaded
* DONE (mclust)

The downloaded source packages are in
        '/tmp/Rtmpz00Ute/downloaded_packages'
>
```

설치 중에 다음과 같은 메시지가 뜨면서 설치가 안 되는 경우가 있다.

/usr/bin/ld: cannot find -llapack

/usr/bin/ld: cannot find -lblas

그러면 터미널에서 다음의 명령어를 입력하여 설치한 뒤 다시 mclust를 설치하면 제대로 설치가 될 것이다.

sudo apt-get install liblapack-dev

> education <- read.csv("http://datasets.flowingdata.com/education.csv", header = TRUE)

```
> ed.dis <- dist(education[,2:7])
> ed.mds <- cmdscale(ed.dis)
> x <- ed.mds[,1]
> y <- ed.mds[,2]
> library(mclust)
> ed.mclust <- Mclust(ed.mds)
> plot(ed.mclust, data=ed.mds)
Selection: 1
```

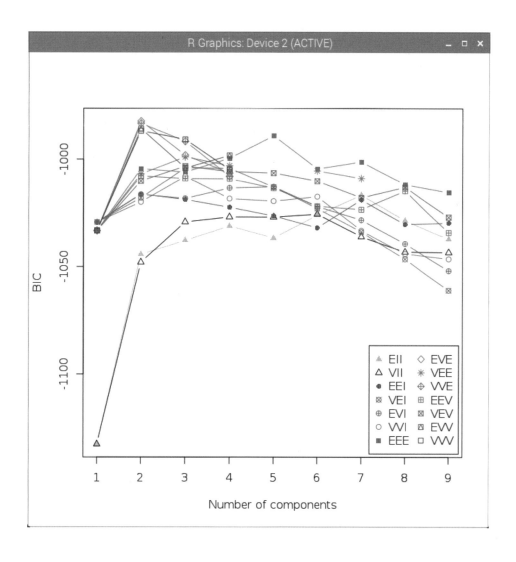

5.2.5 공간 시각화

A. 공간 시각화

지도를 읽는 방법은 통계 그래픽을 읽는 방법과 비슷하다. 지도는 그래픽의 x, y 좌표 대신 위도와 경도를 사용한다는 점이 다르다. R의 version 3에서는 지도를 지원하지 못하므로, version 2를 사용한다.

```
> install.packages("maps")
```

```
installing to /usr/local/lib/R/site-library/maps/libs
** R
** data
*** moving datasets to lazyload DB
** inst
** preparing package for lazy loading
** help
*** installing help indices
** building package indices
** testing if installed package can be loaded
* DONE (maps)

The downloaded source packages are in
        '/tmp/Rtmpz00Ute/downloaded_packages'
>
```

```
> library(maps)
> costcos <- read.csv("http://book.flowingdata.com/ch08/geocode/costcos-geocoded.csv",
sep=",")
> map(database="state")
```

> symbols(costcos$Longitude, costcos$Latitude, circles = rep(1, length(costcos$Longitude)), inches = 0.05, add = TRUE)

> map(database="state", col="#cccccc")

> symbols(costcos$Longitude, costcos$Latitude, bg="#e2373f", fg="#ffffff", lwd=0.5,

circles=rep(1, length(costcos$Longitude)), inches=0.05, add=TRUE)

```
> map(database = "world", col = "#cccccc")
> symbols(costcos$Longitude, costcos$Latitude, bg = "#e2373f", fg = "#ffffff", lwd = 0.5,
circles = rep(1, length(costcos$Longitude)), inches = 0.05, add = TRUE)
```

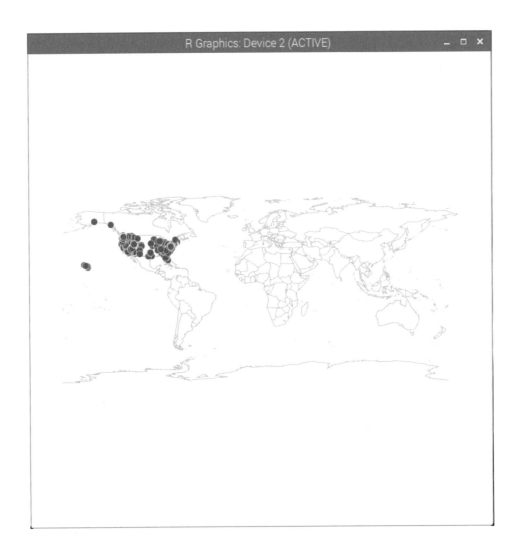

> map(database = "state", region = c("California", "Nevada", "Oregon", "Washington"), col = "#cccccc")

> symbols(costcos$Longitude, costcos$Latitude, bg = "#e2373f", fg = "#ffffff", lwd = 0.5, circles = rep(1, length(costcos$Longitude)), inches = 0.05, add = TRUE)

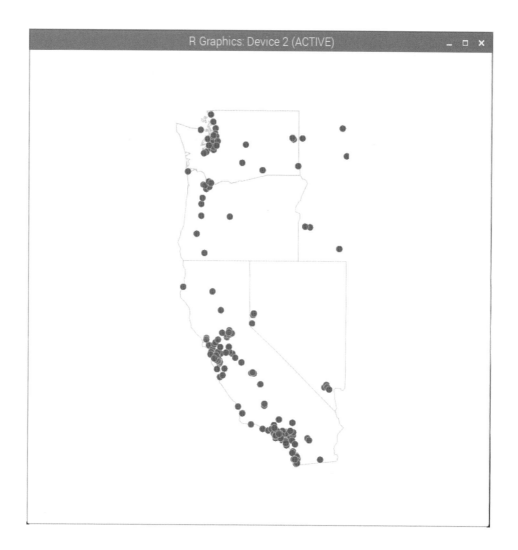

B. 지도 위에 선 그리기

지도 위의 위치 점들 간의 연결 관계를 선으로 표시해야 할 때가 있다. 선을 그리는 쉬운 방법은 lines() 함수를 사용한다.

```
> library(maps)
> faketrace <- read.csv("http://book.flowingdata.com/ch08/points/fake-trace.txt", sep = "\t")
```

```
> faketrace <- read.csv("http://book.flowingdata.com/ch08/points/fake-trace.txt"
, sep="\t")
> faketrace
  latitude  longitude
1  46.31658    3.515625
2  61.27023   69.609375
3  34.30714  105.468750
4 -26.11599  122.695313
5 -30.14513   22.851563
6 -35.17381  -63.632813
7  21.28937  -99.492188
8  36.17336 -115.180664
>
```

> map(database = "world", col = "#cccccc")

> lines(faketrace$longitude, faketrace$latitude, col = "#bb4cd4", lwd = 2)

```
> symbols(faketrace$longitude, faketrace$latitude, lwd=1, bg="#bb4cd4", fg="#ffffff",
circles=rep(1, length(faketrace$longitude)), inches=0.05, add=TRUE)
```

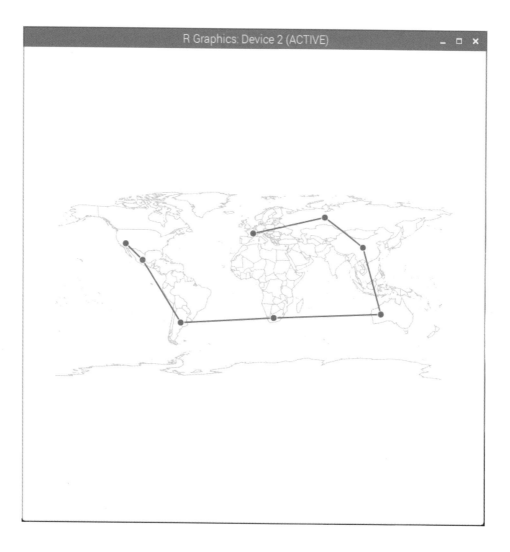

```
> map(database="world", col="#cccccc")
> for(i in 2:length(faketrace$longitude)-1) {
+ lngs <- c(faketrace$longitude[8], faketrace$longitude[i])
+ lats <- c(faketrace$latitude[8], faketrace$latitude[i])
+ lines(lngs, lats, col="#bb4cd4", lwd=2)
+ }
```

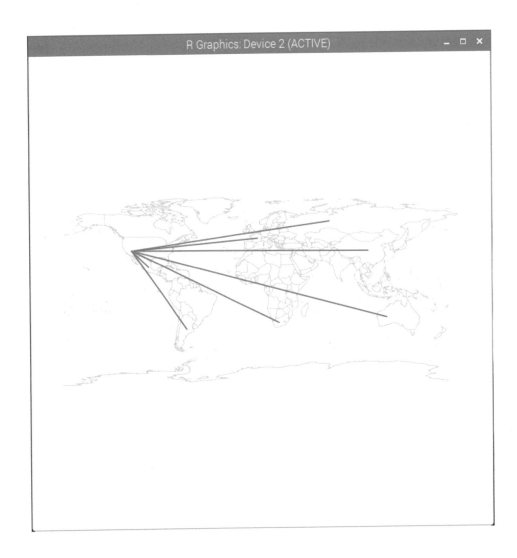

C. 지도에 버블 그리기

버블 차트의 방식에서 반지름이 아닌 면적으로 양을 표시해야 한다. 특히 symbols() 함수에서 원의 크기를 표현하는 값 벡터를 추가로 전달해야 한다.

```
> library(maps)
> map('world', fill=FALSE, col="#cccccc")
> fertility <- read.csv("http://book.flowingdata.com/ch08/points/adol-fertility.csv")
> symbols(fertility$longitude, fertility$latitude, circles=sqrt(fertility$ad_fert_rate), add
  =TRUE, inches=0.15, bg="#93ceef", fg="#ffffff")
```

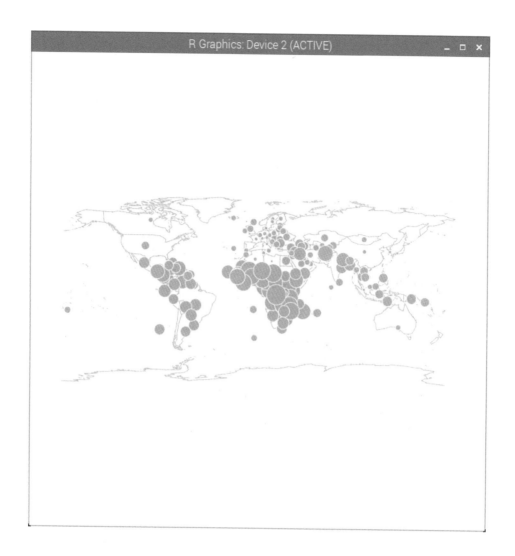

5.3 Shiny 패키지

Shiny 패키지는 최신 웹브라우저를 사용하여 인터렉티브한 데이터 정리와 질의를 믿기 어려울 정도로 쉽게 할 수 있는 기능을 제공한다. Shiny 패키지에는 다양한 위젯이 있어 사용자 인터페이스와 인터렉티브 기능을 쉽고 빠르게 구현할 수 있다. Shiny 애플리케이션이 가진 디폴트 스타일 자체도 간결하고 효과적이지만 확장이 가능할 뿐만 아니라, HTML과 CSS로 만든 사용자 콘텐츠를 쉽게 통합시킬 수 있다. Shiny 애플리케이션의 기본 기능을 능가하는 기능을 구현하기 위해 자바스크립트나 JQuery를 함께 사용할 수 있다.

5.3.1 Shiny 설치하기

R의 콘솔 창에서 패키지를 설치하는 명령을 입력하면 Shiny 패키지는 자동적으로 설치가 완료된다.

> install.packages("shiny")

```
installing to /usr/local/lib/R/site-library/htmltools/libs
** R
** preparing package for lazy loading
** help
*** installing help indices
** building package indices
** testing if installed package can be loaded
* DONE (htmltools)
* installing *source* package 'shiny' ...
** package 'shiny' successfully unpacked and MD5 sums checked
** R
** inst
** preparing package for lazy loading
** help
*** installing help indices
** building package indices
** testing if installed package can be loaded
* DONE (shiny)

The downloaded source packages are in
      '/tmp/Rtmpz00Ute/downloaded_packages'
>
```

Shiny 패키지의 설치가 완료되었다면, R의 콘솔 화면에서 Shiny 라이브러리를 불러와서 예제를 실행해본다.

> library(shiny)
> runExample()
> runExample("01_hello")

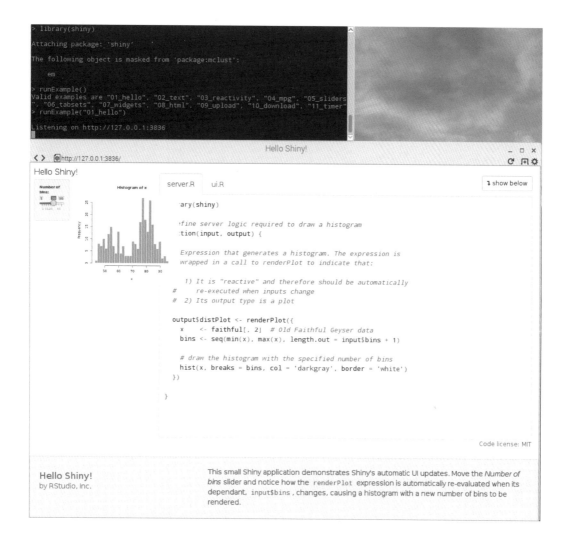

R의 콘솔 화면에서 예제 2번을 실행해본다.

> runExample("02_text")

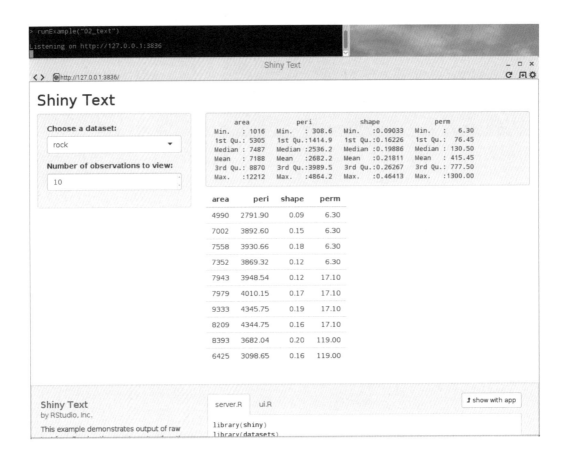

5.3.2 R과 Shiny를 이용한 프로그래밍

Shiny 프로그램은 같은 폴더에 존재하는 두 개의 스크립트 파일을 사용하여 만들어진다. 이 스크립트 파일들은 각각 server.R과 ui.R이라는 이름을 가져야 한다.

Shiny 프로그램을 실행하는 순서는 다음과 같다.

1. server.R과 ui.R과 같은 폴더에 존재해야 한다.
2. R의 콘솔 창에서 setwd("워킹디렉터리") 명령에 의한 워킹디렉터리로 설정해야 한다.
3. R의 콘솔 창에서 library(shiny) 명령에 의한 샤이니 라이브러리를 로딩한다.
4. R의 콘솔에서 runApp()을 입력하고 ⌷Enter⏎⌷를 선택한다.

먼저 간단한 Shiny 프로그램을 R 스크립트로 작성한다. ui.R과 server.R을 다음과 같이 작성한다.

```
root@hadoop4:/home/pi# nano ui.R
root@hadoop4:/home/pi# nano server.R
root@hadoop4:/home/pi# ls *.R
server.R  ui.R
root@hadoop4:/home/pi#
```

```
 GNU nano 2.2.6              File: ui.R                        Modified

# ui.R

# R Shiny test

library(shiny)

shinyUI(pageWithSidebar(      # 표준 샤이니 레이아웃으로
                              # 왼쪽은 컨트롤, 오른쪽은 아웃풋이 놓인다.
           headerPanel("Big-pi Example of R & Shiny"), # 인터페이스 타이틀

           sidebarPanel(                              # 모든 유저인터페이스의 컨트롤은 여기에 놓인다.

               textInput(inputId = "comment",     # 이것은 변수의 이름으로
                                                  # 이 이름이 server.R로 넘겨진다.
                         label = "Say something?", # 변수에 대한 레이블을
                                                  # 인터페이스에 표시
                         value = "")              # 초기화
               )
           ),

           mainPanel(                             # 모든 아웃풋 요소는 여기에 들어간다.

             h3("This is you sating it"),  # HTML helper를 사용한 타이틀

             textOutput("textDisplay")     # server.R에서 정의된 아웃풋 요소 이름

             )
))
```

```
 GNU nano 2.2.6            File: server.R                      Modified

## server.R example

library(shiny)

shinyServer(function(input, output){   # 서버로직은 이 괄호 안에서 정의

   output$textDisplay <- renderText({   # 함수를 반응성으로 만들고 ui.R로 보낼 것을

                                        # output$textDisplay로 할당

       paste0("You said '", input$comment,
              "' , There are", nchar(input$comment), " characters in this.")
   })

})
```

다음과 같이 Shiny 라이브러리를 이용한 R 스크립트를 실행한다.

> setwd('/home/pi')

> library(shiny)

> runApp()

ui.R과 server.R 스크립트에서 사용된 함수는 다음과 같이 정리 및 요약된다.

분류	함수	설명
ui.R	shinyUI(pageWithSidebar(...))	평범한 UI 레이아웃을 사용
	headerPaner()	shiny 애플리케이션의 제목
	sidebarPanel()	애플리케이션의 컨트롤을 설정
	mainPanel()	출력영역 설정
	textInput()	텍스트 박스를 만들고 사용자가 입력한 텍스트를 받아들임
	inputId	변수에 이름을 정하며, 이 이름은 server.R 파일에서 참조할 수 있음
	label	입력 부분에 레이블을 부여하는 것으로 사용자에게 그것의 용도를 알려줌
	value	처음 실행될 때 위젯의 초깃값을 부여. 모든 위젯은 이 인자에 대해서 초깃값을 가지고 있는데, 이 경우는 빈 문자인 ""임
	dateRangeinput()	날짜 위젯이며, 시작점과 끝점을 설정함
	sliderInput()	숫자를 선택할 수 있는 그래픽 슬라이더를 만듦
	checkboxInput()	선택했을 때 TRUE, 선택되지 않았을 때 FLASE 값을 반환하는 체크 박스를 만듦
	checkboxGroupInput()	다수의 체크박스를 만드는데, 사용자들이 목록에서 선택하도록 유도할 때 유용함
	radioButtons()	라디오 버튼을 만듦
	tabsetPanel()	탭을 가진 프레임을 만듦
	numericInput()	텍스트 박스와 선택 박스를 만들어서 사용자로 하여금 어떤 숫자 값을 입력하게 함
	selectInput()	사용자가 하나 혹은 여러 개의 아이템을 목록에서 선택할 수 있게 함
	textInput()	as.numeric() 함수로 출력을 조절하여 원래 입력된 문자를 숫자 입력처럼 사용할 수 있음

분류	함수	설명
Server.R	shinyServer(..{..})	모든 데이터를 다루는 샤이니의 핵심임. 전체적으로 보면 여기에 두 종류의 코드가 들어감. 하나는 반응성 객체, 다른 하나는 그래프와 같은 출력물들을 정의 하는 코드임
	runGist()	샤이니의 내장 함수로, 인터넷에 있는 애플리케이션 코드를 실행할 수 있도록 함

CAHPTER 06

Web Server 구축

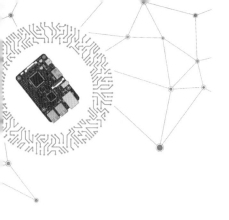

CAHPTER 06

Web Server 구축

6.1 Mysql 설치 및 테스트

Mysql은 세계에서 가장 많이 쓰이는 오픈소스의 관계형 데이터베이스 관리 시스템(RDBMS)이다. 다중 스레드, 다중 사용자 형식의 구조질의어 형식의 데이터베이스 관리 시스템으로서 MySQL AB가 관리 및 지원하고 있으며, Qt처럼 이중 라이선스가 적용된다. 하나의 옵션은 GPL이며, GPL 이외의 라이선스로 적용시키려는 경우 전통적인 지적재산권 라이선스의 적용을 받는다.

위와 같은 지원 방식은 자유 소프트웨어 재단이 프로젝트에 저작권을 적용하는 방법과 비슷한 JBoss의 모델과 유사하다. 그러나 기반코드가 개인의 소유자에게 저작권이 있고 커뮤니티에 의해 개발되는 아파치 프로젝트와는 다르다.

Mysql을 설치하기 위해 다음 명령어를 입력한다.

```
$ sudo apt-get install mysql-server mysql-client
```

```
pi@hadoop1:/ $ sudo apt-get install mysql-server mysql-client
패키지 목록을 읽는 중입니다... 완료
의존성 트리를 만드는 중입니다
상태 정보를 읽는 중입니다... 완료
다음 패키지가 자동으로 설치되었지만 더 이상 필요하지 않습니다:
  aufs-tools cgroupfs-mount x11-apps x11-session-utils xbase-clients xbitmaps
Use 'apt-get autoremove' to remove them.
다음 패키지를 더 설치할 것입니다:
  libdbd-mysql-perl libdbi-perl libhtml-template-perl libmysqlclient18
  libterm-readkey-perl mysql-client-5.5 mysql-common mysql-server-5.5
  mysql-server-core-5.5
제안하는 패키지:
  libclone-perl libmldbm-perl libnet-daemon-perl libsql-statement-perl
  libipc-sharedcache-perl mailx tinyca
다음 새 패키지를 설치할 것입니다:
  libdbd-mysql-perl libdbi-perl libhtml-template-perl libmysqlclient18
  libterm-readkey-perl mysql-client mysql-client-5.5 mysql-common mysql-server
  mysql-server-5.5 mysql-server-core-5.5
0개 업그레이드, 11개 새로 설치, 0개 제거 및 0개 업그레이드 안 함.
8,390 k바이트 아카이브를 받아야 합니다.
이 작업 후 89.4 M바이트의 디스크 공간을 더 사용하게 됩니다.
계속 하시겠습니까? [Y/n]
```

중간에 비밀번호를 입력하는데 mysql에 들어갈 때 입력해야 하므로 확실히 기억하도록 한다.
설치가 완료되면 실행하기 위해 다음 명령어를 입력한다.

$ mysql -u root -p

```
pi@hadoop1:~ $ mysql -u root -p
```

그럼 다음과 같이 비밀번호를 물어보는데 설치했을 때 입력했던 비밀번호를 입력한다.

비밀번호를 입력하면 mysql이 실행된다.

6.2 Tomcat 설치 및 테스트

Apache Tomcat은 Apache Software Foundation에서 서버인 Java를 움직이게 하기 위해 개발된 웹 애플리케이션 서버이다. Tomcat은 웹서버와 연동하여 실행할 수 있는 Java 환경을 제공하여 JSP 및 Java Servlet이 실행할 수 있는 환경을 제공하고 있다.

Tomcat을 설치하기 위해 다음 명령어를 입력하고 설치를 진행한다.

```
$ sudo apt-get install tomcat7
```

```
pi@hadoop1:~ $ sudo apt-get install tomcat7
패키지 목록을 읽는 중입니다... 완료
의존성 트리를 만드는 중입니다
상태 정보를 읽는 중입니다... 완료
다음 패키지가 자동으로 설치되었지만 더 이상 필요하지 않습니다:
  aufs-tools cgroupfs-mount x11-apps x11-session-utils xbase-clients xbitmaps
Use 'apt-get autoremove' to remove them.
다음 패키지를 더 설치할 것입니다:
  authbind libcommons-dbcp-java libcommons-pool-java libecj-java
  libservlet3.0-java libtomcat7-java tomcat7 tomcat7-common
제안하는 패키지:
  libcommons-dbcp-java-doc libgeronimo-jta-1.1-spec-java ecj ant
  libecj-java-gcj tomcat7-docs tomcat7-admin tomcat7-examples tomcat7-user
  libtcnative-1
다음 새 패키지를 설치할 것입니다:
  authbind libcommons-dbcp-java libcommons-pool-java libecj-java
  libservlet3.0-java libtomcat7-java tomcat7 tomcat7-common
0개 업그레이드, 8개 새로 설치, 0개 제거 및 43개 업그레이드 안 함.
5,995 k바이트 아카이브를 받아야 합니다.
이 작업 후 7,561 k바이트의 디스크 공간을 더 사용하게 됩니다.
계속 하시겠습니까? [Y/n]
```

다음을 보면 JAVA_HOME이 설정이 안 돼 있는 것을 알 수 있는데 이런 경우에는 JAVA_
HOME을 따로 설정해줘야 한다. (JAVA_HOME이 제대로 설정되어 있다면 FAIL 부분이 ok로 나
타나며 따로 설정해줄 필요가 없다.)

```
tomcat7-common 패키지를 푸는 중입니다 (.../tomcat7-common_7.0.28-4+deb7u1_all.de
b에서) ...
Selecting previously unselected package tomcat7.
tomcat7 패키지를 푸는 중입니다 (.../tomcat7_7.0.28-4+deb7u1_all.deb에서) ...
man-db에 대한 트리거를 처리하는 중입니다 ...
authbind (2.1.1) 설정하는 중입니다 ...
libcommons-pool-java (1.5.6-1) 설정하는 중입니다 ...
libcommons-dbcp-java (1.4-3) 설정하는 중입니다 ...
libecj-java (3.5.1-3) 설정하는 중입니다 ...
libgeronimo-jta-1.1-spec-java (1.1.1-2) 설정하는 중입니다 ...
libservlet3.0-java (7.0.28-4+deb7u1) 설정하는 중입니다 ...
libtomcat7-java (7.0.28-4+deb7u1) 설정하는 중입니다 ...
tomcat7-common (7.0.28-4+deb7u1) 설정하는 중입니다 ...
tomcat7 (7.0.28-4+deb7u1) 설정하는 중입니다 ...

Creating config file /etc/default/tomcat7 with new version
Adding system user `tomcat7' (UID 109) ...
Adding new user `tomcat7' (UID 109) with group `tomcat7' ...
Not creating home directory `/usr/share/tomcat7'.

Creating config file /etc/logrotate.d/tomcat7 with new version
[FAIL] no JDK found - please set JAVA_HOME ... failed!
invoke-rc.d: initscript tomcat7, action "start" failed.
```

먼저 다음을 입력한다.

$ sudo nano /etc/profile

편집 화면이 나오면 맨 아래의 그림과 같이 export JAVA_HOME을 추가한다.

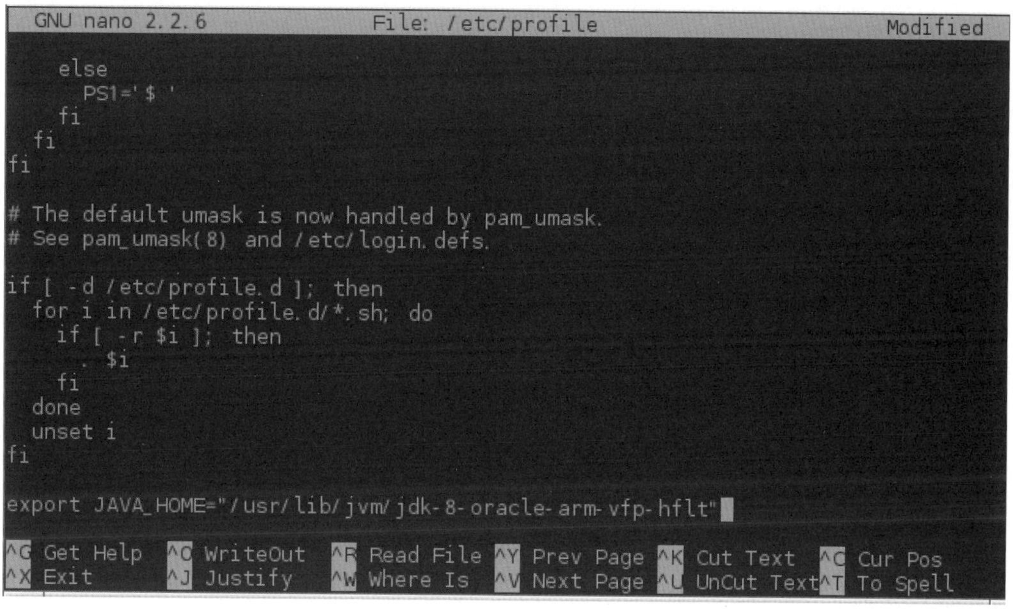

다음엔 /etc/default/tomcat7을 편집한다. 다음을 입력한다.

$ sudo nano /etc/default/tomcat7

#JAVA_HOME 밑에 JAVA_HOME을 다음과 같이 추가한다.

```
GNU nano 2.2.6          File: /etc/default/tomcat7              Modified

# Run Tomcat as this user ID. Not setting this or leaving it blank will use the
# default of tomcat7.
TOMCAT7_USER=tomcat7

# Run Tomcat as this group ID. Not setting this or leaving it blank will use
# the default of tomcat7.
TOMCAT7_GROUP=tomcat7

# The home directory of the Java development kit (JDK). You need at least
# JDK version 1.5. If JAVA_HOME is not set, some common directories for
# OpenJDK, the Sun JDK, and various J2SE 1.5 versions are tried.
#JAVA_HOME=/usr/lib/jvm/openjdk-6-jdk
JAVA_HOME="/usr/lib/jvm/jdk-8-oracle-arm-vfp-hflt"

# You may pass JVM startup parameters to Java here. If unset, the default
# options will be: -Djava.awt.headless=true -Xmx128m -XX:+UseConcMarkSweepGC
#
# Use "-XX:+UseConcMarkSweepGC" to enable the CMS garbage collector (improved
# response time). If you use that option and you run Tomcat on a machine with

^G Get Help   ^O WriteOut   ^R Read File  ^Y Prev Page  ^K Cut Text   ^C Cur Pos
^X Exit       ^J Justify    ^W Where Is   ^V Next Page  ^L UnCut Text ^T To Spell
```

이후 아래의 명령을 입력하여 그림과 같이 OS버전에 따라 OK가 뜨거나 아무 반응이 없다면
웹서버 설치가 제대로 된 것이다.

$ sudo service tomcat7 start

```
pi@hadoop1:~ $ sudo service tomcat7 start
pi@hadoop1:~ $
```

공유기에 연결된 라즈베리파이의 Tomcat을 외부에서 접속하고 싶다면 공유기 설정에 가서 다
음과 같이 포트포워드를 설정한다.

마지막으로 인터넷 창에서 IP:포트번호를 입력해서 다음과 같은 화면이 나오면 설치가 제대로 된 것이다.

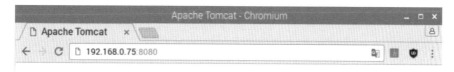

6.3 vsFTPD 설치 및 테스트

vsFTPD(very secure FTP daemon)는 Linux를 포함한 유닉스 계열 시스템을 위한 FTP 서버이다. IPv6 및 SSL을 지원한다.

vsFTPD의 설치를 위해 다음을 입력한다.

$ sudo apt-get install vsftpd

```
pi@rws ~ $ sudo apt-get install vsftpd
```

vsFTPD의 설치가 완료되면 vsftpd.conf파일을 설정해야 한다. 다음을 입력한다.

$ sudo nano /etc/vsftpd.conf

```
pi@rws ~ $ sudo apt-get install vsftpd
패키지 목록을 읽는 중입니다... 완료
의존성 트리를 만드는 중입니다
상태 정보를 읽는 중입니다... 완료
다음 새 패키지를 설치할 것입니다:
  vsftpd
0개 업그레이드, 1개 새로 설치, 0개 제거 및 0개 업그레이드 안 함.
149 k바이트 아카이브를 받아야 합니다.
이 작업 후 329 k바이트의 디스크 공간을 더 사용하게 됩니다.
받기:1 http://mirrordirector.raspbian.org/raspbian/ wheezy/main vsftpd armhf 2.3
.5-3 [149 kB]
내려받기 149 k바이트, 소요시간 1초 (113 k바이트/초)
패키지를 미리 설정하는 중입니다...
Selecting previously unselected package vsftpd.
(데이터베이스 읽는중 ...현재 78869개의 파일과 디렉터리가 설치되어 있습니다.)
vsftpd 패키지를 푸는 중입니다 (.../vsftpd_2.3.5-3_armhf.deb에서) ...
man-db에 대한 트리거를 처리하는 중입니다 ...
vsftpd (2.3.5-3) 설정하는 중입니다 ...
Starting FTP server: vsftpd.
pi@rws ~ $ sudo nano /etc/vsftpd.conf
```

편집 화면에서 'anonymous_enable = YES'를 주석처리하고 다음 내용을 그림과 같이 아래에 추가한다.

```
GNU nano 2.2.6                    File: /etc/vsftpd.conf

#
# Allow anonymous FTP? (Beware - allowed by default if you comment this out).
#anonymous_enable=YES
anonymous_enable=NO
local_enable=YES
write_enable=YES
local_umask=022
#chroot_local_user=YES
#user_sub_token=$USER
#local_root=/home/$USER/ftp
force_dot_files=YES
anon_max_rate=0
local_max_rate=0
trans_chunk_size=0
#
# Uncomment this to allow local users to log in.
#local_enable=YES
#
# Uncomment this to enable any form of FTP write command.

^G Get Help   ^O WriteOut   ^R Read File  ^Y Prev Page  ^K Cut Text   ^C Cur Pos
^X Exit       ^J Justify    ^W Where Is   ^V Next Page  ^U UnCut Text ^T To Spell
```

파일을 저장한 후 다음을 입력하여 vsFTPD를 재시작한다.

$ sudo service vsftpd restart


```
pi@rws ~ $ sudo service vsftpd restart
Stopping FTP server: vsftpd.
Starting FTP server: vsftpd.
pi@rws ~ $ 
```

FTP 프로그램(다음의 그림은 FileZilla)을 실행하여 FTP 또는 SFTP로 설정을 하고 아이디, 비밀번호를 입력 후 연결버튼을 누른다.

그러면 다음과 같은 화면이 나오고 업로드, 다운로드가 가능하다.

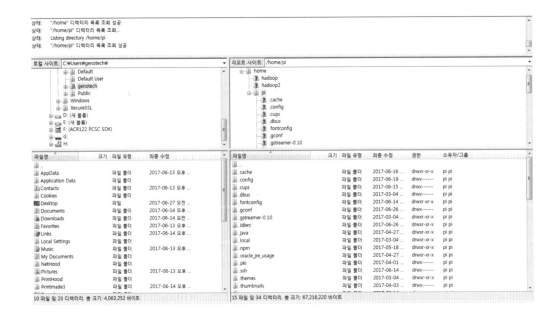

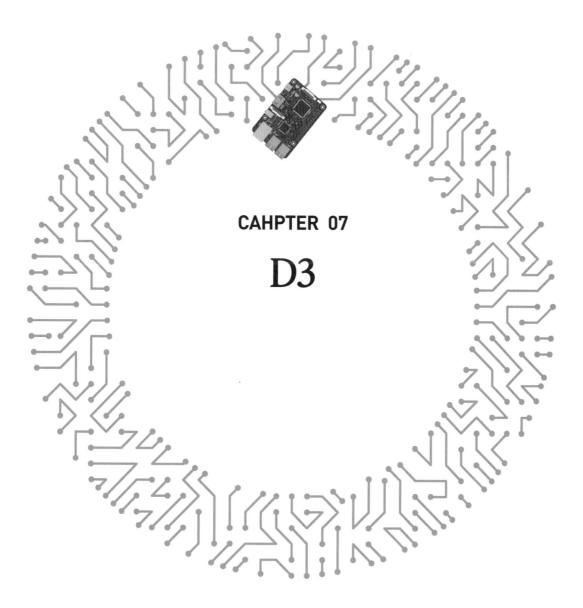

CAHPTER 07

D3

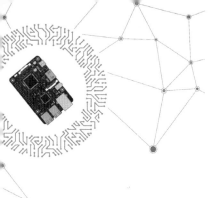

CAHPTER 07

D3

정확한 명칭은 D3.js라고 불리며, Data-Driven Documents의 약어로, 자바스크립트 기반 라이브러리이다. 웹페이지에서 데이터를 불러와서 다양한 형태로 시각화해준다.

7.1 D3 사용 방법과 테스트

D3를 사용하기 위해서는 먼저 Tomcat이 설치되어 있어야 한다. 6장의 Tomcat 설치 및 테스트를 적용하였다면 간단하다. D3는 자바스크립트 기반 라이브러리이기 때문에 html 문서를 만들어 웹서버에 바로 적용시키면 된다. 먼저 웹서버에 적용시킬 간단한 D3 문서를 만들어보기로 한다. d3-1.html을 생성한 뒤 다음의 코드를 입력한다.

```html
<!DOCTYPE html>
<meta charset="utf-8">
<style>
```

```
body {
  font: 10px sans-serif;
}

.bar rect {
  fill: steelblue;
  shape-rendering: crispEdges;
}

.bar text {
  fill: #fff;
}

.axis path, .axis line {
  fill: none;
  stroke: #000;
  shape-rendering: crispEdges;
}

</style>
<body>
<script src="http://d3js.org/d3.v3.min.js"></script>
<script>

// Generate a Bates distribution of 10 random variables.
var values = d3.range(1000).map(d3.random.bates(10));

// A formatter for counts.
var formatCount = d3.format(",.0f");

var margin = {top: 10, right: 30, bottom: 30, left: 30},
```

```
        width = 960 - margin.left - margin.right,
        height = 500 - margin.top - margin.bottom;

var x = d3.scale.linear()
    .domain([0, 1])
    .range([0, width]);

// Generate a histogram using twenty uniformly-spaced bins.
var data = d3.layout.histogram()
    .bins(x.ticks(20))
    (values);

var y = d3.scale.linear()
    .domain([0, d3.max(data, function(d) { return d.y; })])
    .range([height, 0]);

var xAxis = d3.svg.axis()
    .scale(x)
    .orient("bottom");

var svg = d3.select("body").append("svg")
    .attr("width", width + margin.left + margin.right)
    .attr("height", height + margin.top + margin.bottom)
  .append("g")
    .attr("transform", "translate(" + margin.left + "," + margin.top + ")");

var bar = svg.selectAll(".bar")
    .data(data)
  .enter().append("g")
    .attr("class", "bar")
    .attr("transform", function(d) { return "translate(" + x(d.x) + "," + y(d.y) + ")"; });
```

```
bar.append("rect")
    .attr("x", 1)
    .attr("width", x(data[0].dx) - 1)
    .attr("height", function(d) { return height - y(d.y); });

bar.append("text")
    .attr("dy", ".75em")
    .attr("y", 6)
    .attr("x", x(data[0].dx) / 2)
    .attr("text-anchor", "middle")
    .text(function(d) { return formatCount(d.y); });

svg.append("g")
    .attr("class", "x axis")
    .attr("transform", "translate(0," + height + ")")
    .call(xAxis);

</script>
```

작성한 d3-1.html 파일을 웹서버에 적용시켜야 한다. 우리가 사용하고 있는 웹서버의 경로를 알아야 하며, 사용하고 있는 웹서버는 Tomcat7이고 서버주소 : 8080으로 들어가면 웹서버의 index.html이 실행된다. 정상적으로 Tomcat을 설치하였다면 index.html의 위치는 /var/lib/tomcat7/ webapps/ROOT 폴더 안에 있을 것이다. 이제 d3-1.html을 ROOT 폴더에 옮긴 뒤 제대로 적용되었 는지 테스트해보자. 서버주소 : 8080/d3-1.html로 연결해보면, 다음의 그래프가 보이면 D3가 웹서 버에 제대로 적용되고 있는 것이다.

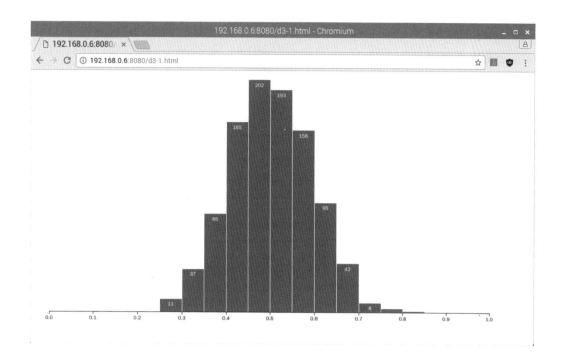

7.2 다양한 D3

D3의 그래프 종류는 다양하며, 그중에 4가지만 웹서버에 적용하여 테스트해보자.

Streamgraph

다음의 코드를 작성하여 /var/lib/tomcat7/webapps/ROOT 폴더 안에 d3-2.html를 저장한다.

```html
<!DOCTYPE html>
<meta charset="utf-8">
<title>Streamgraph</title>
<style>

body {
    font-family: "Helvetica Neue", Helvetica, Arial, sans-serif;
```

```
    margin: auto;
    position: relative;
    width: 960px;
}

button {
    position: absolute;
    right: 10px;
    top: 10px;
}

</style>
<button onclick="transition()">Update</button>
<script src="http://d3js.org/d3.v3.min.js"></script>
<script>

var n = 20, // number of layers
    m = 200, // number of samples per layer
    stack = d3.layout.stack().offset("wiggle"),
    layers0 = stack(d3.range(n).map(function() { return bumpLayer(m); })),
    layers1 = stack(d3.range(n).map(function() { return bumpLayer(m); }));

var width = 960,
    height = 500;

var x = d3.scale.linear()
    .domain([0, m - 1])
    .range([0, width]);

var y = d3.scale.linear()
    .domain([0, d3.max(layers0.concat(layers1), function(layer) { return d3.max(layer,
```

```
  function(d) { return d.y0 + d.y; }); })]])
      .range([height, 0]);

  var color = d3.scale.linear()
      .range(["#aad", "#556"]);

  var area = d3.svg.area()
      .x(function(d) { return x(d.x); })
      .y0(function(d) { return y(d.y0); })
      .y1(function(d) { return y(d.y0 + d.y); });

  var svg = d3.select("body").append("svg")
      .attr("width", width)
      .attr("height", height);

  svg.selectAll("path")
      .data(layers0)
    .enter().append("path")
      .attr("d", area)
      .style("fill", function() { return color(Math.random()); });

  function transition() {
    d3.selectAll("path")
        .data(function() {
          var d = layers1;
          layers1 = layers0;
          return layers0 = d;
        })
      .transition()
        .duration(2500)
        .attr("d", area);
```

```
    }

    // Inspired by Lee Byron's test data generator.
    function bumpLayer(n) {

      function bump(a) {
        var x = 1 / (.1 + Math.random()),
            y = 2 * Math.random() - .5,
            z = 10 / (.1 + Math.random());
        for (var i = 0; i < n; i++) {
          var w = (i / n - y) * z;
          a[i] += x * Math.exp(-w * w);
        }
      }

      var a = [], i;
      for (i = 0; i < n; ++i) a[i] = 0;
      for (i = 0; i < 5; ++i) bump(a);
      return a.map(function(d, i) { return {x: i, y: Math.max(0, d)}; });
    }

    </script>
```

서버주소 : 8080/d3-2.html로 연결해보면, 다음의 d3-2.html의 그래프가 나타나게 된다.

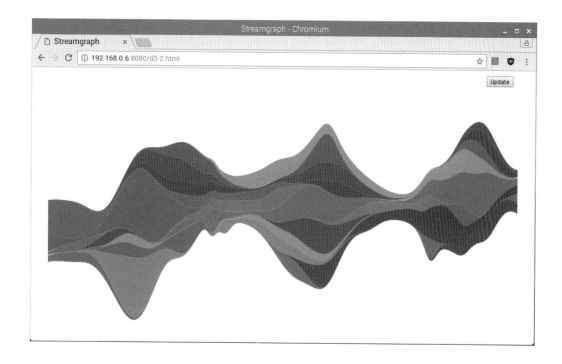

Epicyclic Gearing

다음의 코드를 작성하여 /var/lib/tomcat7/webapps/ROOT 폴더 안에 d3-3.html를 저장한다.

```html
<!DOCTYPE html>
<meta charset="utf-8">
<style>

body {
  font-family: "Helvetica Neue", Helvetica, Arial, sans-serif;
  width: 960px;
  height: 500px;
  position: relative;
}

form {
```

```css
    position: absolute;
    top: 1em;
    left: 1em;
  }

  path {
    fill-rule: evenodd;
    stroke: #333;
    stroke-width: 2px;
  }

  .sun path {
    fill: #6baed6;
  }

  .planet path {
    fill: #9ecae1;
  }

  .annulus path {
    fill: #c6dbef;
  }

</style>
<form>
  <input type="radio" name="reference" id="ref-annulus">
  <label for="ref-annulus">Annulus</label><br>
  <input type="radio" name="reference" id="ref-planet" checked>
  <label for="ref-planet">Planets</label><br>
  <input type="radio" name="reference" id="ref-sun">
  <label for="ref-sun">Sun</label>
```

```
</form>
<script src="http://d3js.org/d3.v3.min.js"></script>
<script>

var width = 960,
    height = 500,
    radius = 80,
    x = Math.sin(2 * Math.PI / 3),
    y = Math.cos(2 * Math.PI / 3);

var offset = 0,
    speed = 4,
    start = Date.now();

var svg = d3.select("body").append("svg")
    .attr("width", width)
    .attr("height", height)
  .append("g")
    .attr("transform", "translate(" + width / 2 + "," + height / 2 + ")scale(.55)")
  .append("g");

var frame = svg.append("g")
    .datum({radius: Infinity});

frame.append("g")
    .attr("class", "annulus")
    .datum({teeth: 80, radius: -radius * 5, annulus: true})
  .append("path")
    .attr("d", gear);

frame.append("g")
```

```
          .attr("class", "sun")
          .datum({teeth: 16, radius: radius})
        .append("path")
          .attr("d", gear);


  frame.append("g")
        .attr("class", "planet")
        .attr("transform", "translate(0,-" + radius * 3 + ")")
        .datum({teeth: 32, radius: -radius * 2})
      .append("path")
        .attr("d", gear);


  frame.append("g")
        .attr("class", "planet")
        .attr("transform", "translate(" + -radius * 3 * x + "," + -radius * 3 * y + ")")
        .datum({teeth: 32, radius: -radius * 2})
      .append("path")
        .attr("d", gear);


  frame.append("g")
        .attr("class", "planet")
        .attr("transform", "translate(" + radius * 3 * x + "," + -radius * 3 * y + ")")
        .datum({teeth: 32, radius: -radius * 2})
      .append("path")
        .attr("d", gear);


  d3.selectAll("input[name=reference]")
      .data([radius * 5, Infinity, -radius])
      .on("change", function(radius1) {
        var radius0 = frame.datum().radius, angle = (Date.now() - start) * speed;
        frame.datum({radius: radius1});
```

```
        svg.attr("transform", "rotate(" + (offset += angle / radius0 - angle / radius1) + ")");
      });

d3.selectAll("input[name=speed]")
    .on("change", function() { speed = +this.value; });

function gear(d) {
  var n = d.teeth,
      r2 = Math.abs(d.radius),
      r0 = r2 - 8,
      r1 = r2 + 8,
      r3 = d.annulus ? (r3 = r0, r0 = r1, r1 = r3, r2 + 20) : 20,
      da = Math.PI / n,
      a0 = -Math.PI / 2 + (d.annulus ? Math.PI / n : 0),
      i = -1,
      path = ["M", r0 * Math.cos(a0), ",", r0 * Math.sin(a0)];
  while (++i < n) path.push(
      "A", r0, ",", r0, " 0 0,1 ", r0 * Math.cos(a0 += da), ",", r0 * Math.sin(a0),
      "L", r2 * Math.cos(a0), ",", r2 * Math.sin(a0),
      "L", r1 * Math.cos(a0 += da / 3), ",", r1 * Math.sin(a0),
      "A", r1, ",", r1, " 0 0,1 ", r1 * Math.cos(a0 += da / 3), ",", r1 * Math.sin(a0),
      "L", r2 * Math.cos(a0 += da / 3), ",", r2 * Math.sin(a0),
      "L", r0 * Math.cos(a0), ",", r0 * Math.sin(a0));
  path.push("M0,", -r3, "A", r3, ",", r3, " 0 0,0 0,", r3, "A", r3, ",", r3, " 0 0,0 0,", -r3, "Z");
  return path.join("");
}

d3.timer(function() {
  var angle = (Date.now() - start) * speed,
      transform = function(d) { return "rotate(" + angle / d.radius + ")"; };
  frame.selectAll("path").attr("transform", transform);
```

```
    frame.attr("transform", transform); // frame of reference
  });


</script>
```

서버주소 : 8080/d3-3.html로 연결해보면, 다음의 d3-3.html의 그래프가 나타나게 된다.

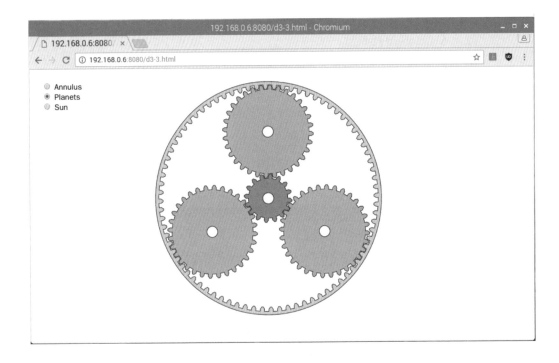

Rounded Rectangles

다음의 코드를 작성하여 /var/lib/tomcat7/webapps/ROOT 폴더 안에 d3-4.html를 저장한다.

```
<!DOCTYPE html>
<meta charset="utf-8">
<body>
<script src="http://d3js.org/d3.v3.min.js"></script>
<script>
```

```
var mouse = [480, 250],
    count = 0;

var svg = d3.select("body").append("svg")
    .attr("width", 960)
    .attr("height", 500);

var g = svg.selectAll("g")
    .data(d3.range(25))
  .enter().append("g")
    .attr("transform", "translate(" + mouse + ")");

g.append("rect")
    .attr("rx", 6)
    .attr("ry", 6)
    .attr("x", -12.5)
    .attr("y", -12.5)
    .attr("width", 25)
    .attr("height", 25)
    .attr("transform", function(d, i) { return "scale(" + (1 - d / 25) * 20 + ")"; })
    .style("fill", d3.scale.category20c());

g.datum(function(d) {
  return {center: [0, 0], angle: 0};
});

svg.on("mousemove", function() {
  mouse = d3.mouse(this);
});
```

```
d3.timer(function() {
  count++;
  g.attr("transform", function(d, i) {
    d.center[0] += (mouse[0] - d.center[0]) / (i + 5);
    d.center[1] += (mouse[1] - d.center[1]) / (i + 5);
    d.angle += Math.sin((count + i) / 10) * 7;
    return "translate(" + d.center + ")rotate(" + d.angle + ")";
  });
});

</script>
```

서버주소 : 8080/d3-4.html로 연결해보면, 다음의 d3-4.html의 그래프가 나타나게 된다.

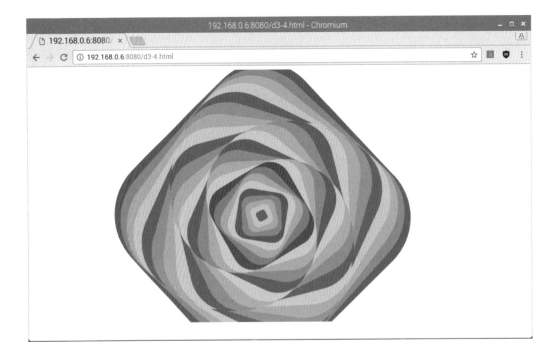

d3-5.html(OMG Particles!)

다음의 코드를 작성하여 /var/lib/tomcat7/webapps/ROOT 폴더 안에 d3-5html를 저장한다.

```
<!DOCTYPE html>
<meta charset="utf-8">
<style>

body {
  margin: 0;
  background: #222;
  min-width: 960px;
}

rect {
  fill: none;
  pointer-events: all;
}

circle {
  fill: none;
  stroke-width: 2.5px;
}

</style>
<body>
<script src="http://d3js.org/d3.v3.min.js"></script>
<script>

var width = Math.max(960, innerWidth),
    height = Math.max(500, innerHeight);

var i = 0;

var svg = d3.select("body").append("svg")
```

```
        .attr("width", width)
        .attr("height", height);

    svg.append("rect")
        .attr("width", width)
        .attr("height", height)
        .on("ontouchstart" in document ? "touchmove" : "mousemove", particle);

    function particle() {
      var m = d3.mouse(this);

      svg.insert("circle", "rect")
          .attr("cx", m[0])
          .attr("cy", m[1])
          .attr("r", 1e-6)
          .style("stroke", d3.hsl((i = (i + 1) % 360), 1, .5))
          .style("stroke-opacity", 1)
        .transition()
          .duration(2000)
          .ease(Math.sqrt)
          .attr("r", 100)
          .style("stroke-opacity", 1e-6)
          .remove();

      d3.event.preventDefault();
    }

</script>
```

서버주소 : 8080/d3-5.html로 연결해보면, 다음의 d3-5.html의 그래프가 나타나게 된다.

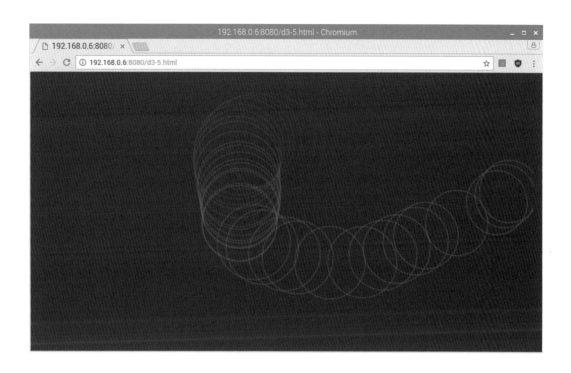

이것 외에도 https://github.com/mbostock/d3/wiki/Gallery에 들어가면 더 많은 D3를 체험해볼 수 있다.

CAHPTER 08

아파치 카프카

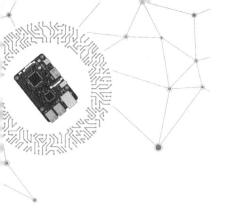

CAHPTER 08

아파치 카프카

아파치 카프카(Apache Kafka)는 2011년 비즈니스 소셜 네트워크 서비스인 링크드인이 자사 서비스의 대량 이벤트를 처리하기 위해 개발됐다. 이후 오픈소스 프로젝트로 전환돼 2012년 10월 마침내 아파치의 탑 프로젝트가 됐다. 카프카는 메시징 시스템임에도 불구하고 다른 경쟁 시스템이 메모리 기반인 것과 달리 디스크 기반으로 설계됐다. 시스템 안전성을 위해 디스크에 기반을 두고 있어 속도가 느릴 법도 한데, 카프카는 독특한 구조를 채택한 덕분에 메모리 기반의 타 메시징 시스템보다 오히려 더 나은 성능을 제공한다.

8.1 카프카 설치

라즈베리파이 테스트베드에서 사용할 카프카 버전은 0.10.2.0이며, 카프카 설치는 매우 쉽다. 다음 주소를 입력하여 파일을 다운로드한다.

```
$ wget http://apache.mirror.cdnetworks.com/kafka/0.10.2.0/kafka_2.12-0.10.2.0.tgz
```

```
pi@hadoop3:~ $ wget http://apache.mirror.cdnetworks.com/kafka/0.10.2.0/kafka_2.1
2-0.10.2.0.tgz
--2017-04-17 07:16:20--  http://apache.mirror.cdnetworks.com/kafka/0.10.2.0/kafk
a_2.12-0.10.2.0.tgz
Resolving apache.mirror.cdnetworks.com (apache.mirror.cdnetworks.com)... 14.0.10
1.165
Connecting to apache.mirror.cdnetworks.com (apache.mirror.cdnetworks.com)|14.0.1
01.165|:80... connected.
HTTP request sent, awaiting response... 200 OK
Length: 34021573 (32M) [application/x-gzip]
Saving to: 'kafka_2.12-0.10.2.0.tgz'

kafka_2.12-0.10.2.0 100%[====================>]  32.45M  1.95MB/s    in 17s

2017-04-17 07:16:37 (1.90 MB/s) - 'kafka_2.12-0.10.2.0.tgz' saved [34021573/3402
1573]

pi@hadoop3:~ $
```

그 뒤 압축을 풀고 심볼릭 링크를 생성한다. 다음을 입력한다.

```
$ tar xvfz kafka_2.12-0.10.2.0.tgz
$ sudo ln -s kafka_2.12-0.10.2.0 kafka
$ cd kafka
```

```
kafka_2.12-0.10.2.0/libs/connect-json-0.10.2.0.jar
kafka_2.12-0.10.2.0/libs/connect-file-0.10.2.0.jar
kafka_2.12-0.10.2.0/libs/kafka-streams-0.10.2.0.jar
kafka_2.12-0.10.2.0/libs/rocksdbjni-5.0.1.jar
kafka_2.12-0.10.2.0/libs/kafka-streams-examples-0.10.2.0.jar
pi@hadoop3:~ $ sudo ln -s kafka_2.12-0.10.2.0 kafka
pi@hadoop3:~ $ cd kafka
pi@hadoop3:~/kafka $
```

8.2 카프카 시작하기

주키퍼(Zookeeper)와 카프카를 포그라운드로 기동시키기 위해서 각각의 명령어는 별도의 터미
널에서 실행해야 한다. 먼저 주키퍼를 실행하기 위해서 다음과 같이 입력한다.

```
$ sudo bin/zookeeper-server-start.sh config/zookeeper.properties
```

```
[2017-04-17 07:22:52,598] INFO Server environment: java.compiler=<NA> (org.apache
.zookeeper.server.ZooKeeperServer)
[2017-04-17 07:22:52,598] INFO Server environment: os.name=Linux (org.apache.zook
eeper.server.ZooKeeperServer)
[2017-04-17 07:22:52,598] INFO Server environment: os.arch=arm (org.apache.zookee
per.server.ZooKeeperServer)
[2017-04-17 07:22:52,598] INFO Server environment: os.version=4.4.50-v7+ (org.apa
che.zookeeper.server.ZooKeeperServer)
[2017-04-17 07:22:52,599] INFO Server environment: user.name=root (org.apache.zoo
keeper.server.ZooKeeperServer)
[2017-04-17 07:22:52,599] INFO Server environment: user.home=/root (org.apache.zo
okeeper.server.ZooKeeperServer)
[2017-04-17 07:22:52,599] INFO Server environment: user.dir=/home/pi/kafka_2.12-0
.10.2.0 (org.apache.zookeeper.server.ZooKeeperServer)
[2017-04-17 07:22:52,687] INFO tickTime set to 3000 (org.apache.zookeeper.server
.ZooKeeperServer)
[2017-04-17 07:22:52,687] INFO minSessionTimeout set to -1 (org.apache.zookeeper
.server.ZooKeeperServer)
[2017-04-17 07:22:52,687] INFO maxSessionTimeout set to -1 (org.apache.zookeeper
.server.ZooKeeperServer)
[2017-04-17 07:22:52,786] INFO binding to port 0.0.0.0/0.0.0.0:2181 (org.apache.
zookeeper.server.NIOServerCnxnFactory)
```

이제 터미널을 새로 연 다음 서버를 실행해야 하는데 실행하기 전에 다음 파일을 수정해야
한다. 다음을 입력하여 KAFKA_HEAP_OPTS의 내용을 다음과 같이 수정한다. (현재 위치
~/kafka)

$ sudo nano bin/kafka-server-start.sh

```
  GNU nano 2.2.6          File: bin/kafka-server-start.sh             Modified

fi
base_dir=$(dirname $0)

if [ "x$KAFKA_LOG4J_OPTS" = "x" ]; then
    export KAFKA_LOG4J_OPTS="-Dlog4j.configuration=file:$base_dir/../config/log$
fi

if [ "x$KAFKA_HEAP_OPTS" = "x" ]; then
    export KAFKA_HEAP_OPTS="-Xmx256M -Xms128M"
fi

EXTRA_ARGS=${EXTRA_ARGS-'-name kafkaServer -loggc'}

COMMAND=$1
case $COMMAND in
  -daemon)
    EXTRA_ARGS="-daemon "$EXTRA_ARGS
    shift
    ;;


^G Get Help  ^O WriteOut  ^R Read File ^Y Prev Page ^K Cut Text  ^C Cur Pos
^X Exit      ^J Justify   ^W Where Is  ^V Next Page ^U UnCut Text^T To Spell
```

그 뒤 다음을 입력하여 카프카 서버를 실행한다.

```
$ sudo bin/kafka-server-start.sh config/server.properties
```

```
pi@hadoop3: ~ $ cd kafka
pi@hadoop3: ~/kafka $ sudo nano bin/kafka- server- start. sh
pi@hadoop3: ~/kafka $ sudo bin/kafka- server- start. sh config/server. properties
```

다음과 같은 화면이 나오면 제대로 돌아가고 있는 것이다.

```
[2015- 04- 09 01: 56: 40, 059] INFO Awaiting socket connections on 0. 0. 0. 0: 9092. (kaf
ka. network. Acceptor)
[2015- 04- 09 01: 56: 40, 067] INFO [Socket Server on Broker 0], Started (kafka. netwo
rk. SocketServer)
[2015- 04- 09 01: 56: 40, 869] INFO Will not load MX4J, mx4j- tools. jar is not in the
classpath (kafka. utils. Mx4jLoader$)
[2015- 04- 09 01: 56: 41, 274] INFO 0 successfully elected as leader (kafka. server. Zo
okeeperLeaderElector)
[2015- 04- 09 01: 56: 42, 242] INFO Registered broker 0 at path /brokers/ids/0 with a
ddress hadoop2: 9092. (kafka. utils. ZkUtils$)
[2015- 04- 09 01: 56: 42, 437] INFO [Kafka Server 0], started (kafka. server. KafkaServ
er)
[2015- 04- 09 01: 56: 43, 136] INFO New leader is 0 (kafka. server. ZookeeperLeaderElec
tor$LeaderChangeListener)
```

위와 같이 서버를 사용하려면 최소 2개의 터미널을 사용해야 되는데 이를 하나의 터미널에서 쉽게 사용하기 위해 다음과 같이 백그라운드로 돌릴 수 있다.

```
$ sudo nohup bin/zookeeper-server-start.sh config/zookeeper.properties > zk.log 2>&1 &
$ sudo nohup bin/kafka-server-start.sh config/server.properties > kafka.log 2>&1 &
```

8.2.1 카프카 클러스터 구성

카프카 클러스터는 크게 한 대의 서버에 하나의 브로커, 한 대의 서버에 여러 개의 브로커, 여러 대의 서버에 여러 개의 브로커 이 세 가지로 구성할 수 있다. 위의 상태가 한 대의 서버에 하나의 브로커이다. 이번엔 한 대의 서버에 3개의 브로커를 설치해보자.

먼저 기본 설정 파일을 설치할 브로커 개수만큼 복사한다.

```
$ cp config/server.properties config/server-1.properties
$ cp config/server.properties config/server-2.properties
```

브로커를 복사했다면 각각의 설정파일의 내용 중 일부를 다음과 같이 값을 수정한다. (각각 $ sudo nano config/server-1.properties, $ sudo nano config/server-2.properties)

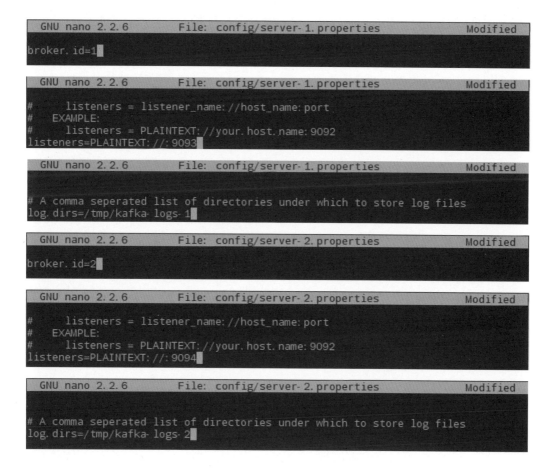

위 그림에서 볼 수 있듯이 broker.id, listeners, log.dir가 주 변경 대상이다. 이를 실행하려면 기존의 실행에서 config 파일만 변경하면 된다.

```
$ sudo bin/kafka-server-start.sh config/server-1.properties
$ sudo bin/kafka-server-start.sh config/server-2.properties
```

```
[2017-04-18 01:12:31,789] INFO [Kafka Server O], started (kafka.server.KafkaServ
er)
[2017-04-18 01:12:33,189] INFO [ReplicaFetcherManager on broker O] Removed fetch
er for partitions __consumer_offsets-22, __consumer_offsets-30, __consumer_offsets
utils.AppInfoParser)
[2017-04-18 01:13:37,531] INFO Kafka commitId : 576d93a8dc0cf421 (org.apache.kaf
ka.common.utils.AppInfoParser)
[2017-04-18 01:13:37,535] INFO [Kafka Server 1], started (kafka.server.KafkaServ
er)
[2017-04-18 01:15:05,485] INFO Kafka commitId : 576d93a8dc0cf421 (org.apache.kaf
ka.common.utils.AppInfoParser)
[2017-04-18 01:15:05,489] INFO [Kafka Server 2], started (kafka.server.KafkaServ
er)
```

라즈베리파이 성능으로는 위와 같이 여러 개의 서버를 돌리면 멈추는 현상이 자주 발생하니
방법만 알도록 한다.

8.3 토픽 만들기

토픽은 다양한 종류의 데이터 스트림(메시지)을 다루는 방법을 제공한다. 카프카를 테스트하
기 위해 토픽 하나를 추가한다.

```
$ sudo bin/kafka-topics.sh --create --zookeeper localhost:2181 --partitions 1 —replication
-factor 1 --topic test
```

```
pi@hadoop3:~ $ cd kafka
pi@hadoop3:~/kafka $ sudo bin/kafka-topics.sh --create --zookeeper localhost:218
1 --partitions 1 --replication-factor 1 --topic test
Java HotSpot(TM) Server VM warning: G1 GC is disabled in this release.
Created topic "test".
pi@hadoop3:~/kafka $
```

위의 명령어를 실행하여 Created topic "test"가 나오면 성공이며, 다음 명령어로 생성된 토픽에
대한 정보를 얻을 수 있다.

```
$ sudo bin/kafka-topics.sh --describe —zookeeper localhost:2181
```

```
pi@hadoop3:~/kafka $ sudo bin/kafka-topics.sh --describe --zookeeper localhost:2
181
Java HotSpot(TM) Server VM warning: G1 GC is disabled in this release.
Topic: test          PartitionCount: 1          ReplicationFactor: 1     Configs:
          Topic: test       Partition: 0     Leader: 0       Replicas: 0      Isr: 0
pi@hadoop3:~/kafka $
```

지금부터는 부하를 분산시킬 수 있도록 이미 생성된 토픽에 파티션 수를 늘려보자.

> $ sudo bin/kafka-topics.sh --alter --zookeeper localhost:2181 --partitions 4 --topic test

그리고 다시 토픽에 대한 정보를 확인하면 다음과 같다.

```
pi@hadoop3:~/kafka $ sudo bin/kafka-topics.sh --alter --zookeeper localhost:2181
  --partitions 4 --topic test
Java HotSpot(TM) Server VM warning: G1 GC is disabled in this release.
WARNING: If partitions are increased for a topic that has a key, the partition l
ogic or ordering of the messages will be affected
Adding partitions succeeded!
pi@hadoop3:~/kafka $ sudo bin/kafka-topics.sh --describe --zookeeper localhost:2
181
Java HotSpot(TM) Server VM warning: G1 GC is disabled in this release.
Topic: test          PartitionCount: 4          ReplicationFactor: 1     Configs:
          Topic: test       Partition: 0     Leader: 0       Replicas: 0      Isr: 0
          Topic: test       Partition: 1     Leader: 0       Replicas: 0      Isr: 0
          Topic: test       Partition: 2     Leader: 0       Replicas: 0      Isr: 0
          Topic: test       Partition: 3     Leader: 0       Replicas: 0      Isr: 0
pi@hadoop3:~/kafka $
```

8.4 프로듀서와 컨슈머 테스트

지금부터는 카프카가 제공하는 쉘 명령어를 통해 프로듀서와 컨슈머를 테스트해본다. 먼저 프로듀서를 실행한 터미널을 열고 다음의 명령어를 입력한다.

> $ sudo bin/kafka-console-producer.sh --broker-list localhost:9092 --topic test

그럼 다음과 같은 화면이 나오는데 우선 아무 말이나 입력한 후 Ctrl+C로 종료한다.

CHAPTER 08 아파치 카프카   211

```
pi@hadoop3:~/kafka $ sudo bin/kafka-console-producer.sh --broker-list localhost:
9092 --topic test
Java HotSpot(TM) Server VM warning: G1 GC is disabled in this release.
hello
his
sdlas
djasas
bye
asdsdkczx
askfkasfk
```

다음은 컨슈머 실행을 위해서 터미널을 하나 실행해서 다음과 같이 입력한다.

$ sudo bin/kafka-console-consumer.sh --bootstrap-server localhost:9092 --topic test
--from-beginning

그러면 프로듀서에서 입력한 메시지가 다음과 같이 출력된다.

```
pi@hadoop3:~/kafka $ sudo bin/kafka-console-consumer.sh --bootstrap-server loca
lhost:9092 --topic test --from-beginning
Java HotSpot(TM) Server VM warning: G1 GC is disabled in this release.
hello
his
sdlas
djasas
bye
asdsdkczx
askfkasfk
```

이 상태에서 프로듀서에서 계속 메시지를 입력하면 컨슈머 쪽으로 메시지가 넘어온다.

```
pi@hadoop3: ~/kafka $ sudo bin/kafka-console-consumer.sh --bootstrap-server loca
lhost:9092 --topic test --from-beginning
Java HotSpot(TM) Server VM warning: G1 GC is disabled in this release.
hello
his
sdlas
djasas
bye
asdsdkczx
askfkasfk
ddd
hi
by
gggg
```

```
                              pi@hadoop3: ~/kafka                          _  □  ×
 파일(F)  편집(E)  탭(T)  도움말(H)
pi@hadoop3: ~ $ cd kafka
pi@hadoop3: ~/kafka $ sudo bin/kafka-console-producer.sh --broker-list localhost:
9092 --topic test
Java HotSpot(TM) Server VM warning: G1 GC is disabled in this release.
ddd
hi
by
gggg
```

컨슈머를 종료하면 다음과 같이 총 보낸 메시지 수를 출력한다.

```
pi@hadoop3: ~/kafka $ sudo bin/kafka-console-consumer.sh --bootstrap-server loca
lhost:9092 --topic test --from-beginning
Java HotSpot(TM) Server VM warning: G1 GC is disabled in this release.
hello
his
sdlas
djasas
bye
asdsdkczx
askfkasfk
ddd
hi
by
gggg
^CProcessed a total of 11 messages
```

USB 카메라를 이용한
영상 인식

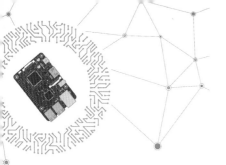

CAHPTER 09

USB 카메라를 이용한 영상 인식

9.1 USB 카메라를 이용한 방범 카메라

라즈베리파이는 재단 측에서 개발한 라즈베리파이 카메라 이외에도, USB 카메라를 사용하여 매우 다양한 애플리케이션을 만들 수 있다. 이번에는 USB 카메라를 이용하여 촬영하는 영역의 변화가 발생되었을 때 이를 스틸샷 캡처 및 동영상을 촬영하는 방범 카메라를 만들어볼 예정이다. 또한 이상상태가 발생되었을 경우, 이메일 서버를 경유하여 현재 보안상의 문제가 있음을 사용자에게 이메일로 통보하는 방범 시스템을 만들어볼 것이다.

9.1.1 하드웨어

USB 카메라와 USB 허브(독립 전원)

다른 최신의 USB 카메라도 UVC(USB Video Class)에 대응할 수 있는 제품이면 대부분 문제없이 구동된다.

라즈베리파이는 하드웨어 설계상 700mA 전류의 사용을 권장하고 있으며, 각 USB 포트는 최대 140mA를 출력할 수 있다. 즉, 140mA 이상의 디바이스를 라즈베리파이의 USB 포트에 접속시켜서는 안 된다. 즉 라즈베리파이에 140mA 이상의 전류를 사용하는 디바이스와 연결하기 위해서는 별도의 독립 전원을 사용하는 USB 허브를 사용해야 한다.

9.1.2 소프트웨어 설치

USB 카메라 접속 확인과 관련된 소프트웨어 설치

$ lsusb

```
Bus 001 Device 002: ID 0424:9514 Standard Microsystems Corp.
Bus 001 Device 001: ID 1d6b:0002 Linux Foundation 2.0 root hub
Bus 001 Device 003: ID 0424:ec00 Standard Microsystems Corp.
Bus 001 Device 005: ID 046d:0826 Logitech, Inc.
```

(4번째 Device가 USB 카메라)

카메라를 이용한 모션 감지 패키지인 motion과 영상 및 음성파일을 기록, 변환, 스트림이 가능한 ffmpeg를 설치한다.

$ sudo apt-get install motion ffmpeg

다음의 명령어를 이용하여 motion의 세부 항목을 설정하며, Motion의 다양한 옵션에서 다음과 같이 일부 항목을 수정하도록 한다.

$ sudo nano /etc/motion/motion.conf

daemon off	// 백 그라운드에서 동작하게 하는 설정
width 320	// 영상 픽셀 넓이 지정
height 240	// 영상 픽셀 높이 지정
framerate 2	// 초당 프레임 수
threshold 1500	// 영상에서 모션을 감지하는 한계 값
ffmpeg_video_codec mpeg4	// 코덱 설정(swf, flv, mov 등)
locate_motion_mode on	// 모션 감지된 부분에 박스 표시
target_dir /var/www	// 저장되는 폴더 지정

picture_filename %v-%Y%m%d%H%M%S-%q	// 파일 이름 형식
stream_port 8081	// 포트 지정
stream_localhost off	// localhost에서만 접속하게 할 경우 on
webcontrol_localhost off	// localhost에서만 제어하게 할 경우 on

motion 동작 테스트

```
$ sudo motion
```

웹브라우저에서 'http://192.168.4.190:8081'와 같이 라즈베리파이의 주소와 지정한 포트로 접속하면 현재 촬영 중인 영상이 실시간으로 스트림되는 것을 확인할 수 있다.

이메일 서버 및 이메일 관련 유틸리티 설치

외부 이메일의 SMTP 기능을 이용하여 이메일을 전송할 수 있게 하는 SSMTP(Simple SMTP)와 이메일 사용과 관련된 다양한 유틸 기능을 가지는 mailutils를 설치하도록 한다.

```
$ sudo apt-get install ssmtp mailutils
$ sudo nano /etc/ssmtp/ssmtp.conf
```

ssmtp.conf 파일의 가장 밑에 다음의 항목을 추가로 설정해주자.

```
AuthUser=아이디@gmail.com
AuthPass=이메일비밀번호
FromLineOverride=YES
mailhub=smtp.gmail.com:587
UseSTARTTLS=YES
```

이메일 전송 테스트

테스트하기 전에 먼저 구글 계정에서 설정해야 하는 것이 있다. 웹사이트(https://www.google.com/

settings/security/lesssecureapps)에 들어가서 보안 수준이 낮은 앱의 액세스를 사용으로 설정해야지만 메일이 제대로 전송된다. 설정을 바꾼 뒤 다음의 명령어를 입력한다.

```
$ mail -s "hi" 아이디@gmail.com
```

개발자의 G메일 계정으로 테스트 이메일이 도착했는지 확인해본다. 다음과 같이 이메일이 수신되었으며, G메일이 아닌 경우에도 smtp를 지원하는 경우, 이전의 설정했던 것처럼 이메일 서버를 입력해주면 된다.

보낸사람:	root <soncle582@gmail.com>
받는사람:	soncle582@gmail.com
날짜:	2017년 6월 8일 오전 10:29
제목:	hi
발송 도메인:	gmail.com

방법 시스템의 경보 시에 이메일로 현재 상황을 전달하기

```
$ sudo nano /usr/local/bin/security_camera.sh
```

```
#! /bin/bash

mailaddress="soncle582@gmail.com"
type=$1
filename=$2
times=/tmp/timestamp.txt
files=/tmp/files.txt


function send_mail
{
echo $mailaddress
echo $times
/usr/bin/mail -s "Security Caution by RPi" $mailaddress <<EOF
Security Caution at `cat $times`.
StillShot files
`cat $files`
EOF
}
```

```
case $type in
start)
  date >$times
  if [ -f $files ]; then
    rm $files
  fi;
  ;;
save)
  echo $filename >>$files
  ;;
end)
  send_mail
  ;;
*)
  ;;
esac
```

security_camera.sh가 실행될 수 있도록 퍼미션을 설정하자.

$ sudo chmod 777 /usr/local/bin/security_camera.sh

motion.conf의 이벤트 시작, 이벤트 종료, 사진을 저장할 때마다 security_camera.sh를 실행하여 각 해당되는 함수를 실행하도록 설정한다.

$ sudo nano /etc/motion/motion.conf

```
on_event_start /usr/local/bin/security_camera.sh start
on_event_end /usr/local/bin/security_camera.sh end
on_picture_save /usr/local/bin/security_camera.sh save %f
```

9.1.3 프로그램 실행

다음의 명령어로 모션을 실행시켜주자. 모션이 실행함과 동시에 프로그래밍해둔 대로 모션이 감지되었을 경우, 모션이 감지된 시각, 스틸 사진 등의 정보를 설정해둔 이메일로 전송하게 된다.

$ sudo motion

모션이 구동되면 다음의 사진과 같이 카메라 앞에 이전에는 없던 물체가 포착되었을 때 사진이 저장된다.

또한 다음과 같이 정해진 이메일로 현재 모션이 감지된 시각과 캡처된 사진의 위치 정보를 모아서 전달된다.

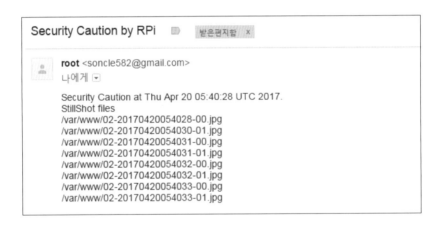

9.2 USB 카메라를 이용한 얼굴 검출

이번에는 카메라를 이용한 영상 처리 방법에 대해서 알아본다. 이전 절의 방범 카메라 또한 영상 처리 기법을 사용한 응용 프로그램이라고 할 수 있으며, 이번에는 OpenCV와 USB 카메라를 이용한 얼굴 검출을 수행해보자.

9.2.1 소프트웨어 설치

OpenCV 설치

영상 처리에서 일반적으로 제일 많이 사용되는 OpenCV를 설치한다.

```
$ sudo apt-get install libopencv-dev
```

폴더 생성 및 이동

```
$ mkdir facedetection
$ cd facedetection
```

프로그램 작성

```
$ nano facedetection.cpp
```

```cpp
#include "highgui.h"
#include "cv.h"

int main(void)
{
  double wsize = 320;
  double hsize = 240;

  cvNamedWindow("FaceDetection", CV_WINDOW_AUTOSIZE);
  CvCapture* capture = NULL;
  capture = cvCreateCameraCapture(0);
  cvSetCaptureProperty (capture, CV_CAP_PROP_FRAME_WIDTH, wsize);
  cvSetCaptureProperty (capture, CV_CAP_PROP_FRAME_HEIGHT, hsize);
```

```
IplImage* BP_frame;
CvHaarClassifierCascade* cvHCC = (CvHaarClassifierCascade*)
cvLoad("/usr/share/opencv/haarcascades/haarcascade_frontalface_alt.xml");
CvMemStorage* cvMStr = cvCreateMemStorage(0);
CvSeq* face;

while(1)
{
  BP_frame = cvQueryFrame(capture);
  if(!BP_frame) break;
  face = cvHaarDetectObjects(BP_frame,cvHCC,cvMStr);
  for(int i=0; i < face->total;i++)
  {
    CvRect* faceRect = (CvRect*)cvGetSeqElem(face,i);
    cvRectangle(BP_frame,cvPoint(faceRect->x, faceRect->y),
    cvPoint(faceRect->x + faceRect->width, faceRect->y + faceRect->height),
    CV_RGB(0,255,0),2,CV_AA);
  }
  cvShowImage("FaceDetection", BP_frame);
  if(cvWaitKey(30) == 27) break;
}
cvReleaseMemStorage(&cvMStr);
cvReleaseHaarClassifierCascade(&cvHCC);
cvReleaseCapture(&capture);
cvDestroyWindow("FaceDetection");
}
```

컴파일 환경설정 파일 작성

의존성 라이브러리가 많은 경우, 직접적으로 gcc 옵션을 붙여주기보다는 Makefile로 만들어두면 매우 편리하다.

$ nano Makefile

```
CXX = g++

LDFLAGS = -lopencv_legacy -lopencv_highgui -lopencv_core -lopencv_ml -lopencv_video
 -lopencv_imgproc -lopencv_calib3d -lopencv_objdetect -lopencv_features2d -L/usr/lib

CPPFLAGS = -g -I/usr/include/opencv -I/usr/include/opencv2

all: facedetection
```

프로그램 빌드

$ make

9.2.2 프로그램 실행

얼굴 검출 프로그램을 실행하게 되면 사람의 얼굴 형태의 모양에 대해서 얼굴 검출이 시작되고, 얼굴을 찾았을 경우 그림과 같이 녹색 테두리로 얼굴 영역을 표시하게 된다.

$ sudo ./facedetection

9.2.3 Python을 이용한 얼굴 검출

Python-OpenCV 설치

Python에서 OpenCV를 사용할 수 있도록 추가 설치한다. (지금 설치하는 python-opencv는 Python 2.X 버전에서만 사용 가능하다. 3.X 버전을 사용하지 않도록 주의한다.)

```
$ sudo apt-get install python-opencv
```

GitHub에서 예제 다운로드 1

```
$ git clone https://github.com/shantnu/FaceDetect.git
$ cd FaceDetect
```

```
pi@hadoop4:~/FaceDetect $ ls
abba_face_detected.jpg                little_mix_wrong.jpg
abba.png                              live.py
face_detect_cv3.py                    README.md
face_detect.py                        the_saturdays_right.jpg
haarcascade_frontalface_default.xml   the_saturdays_wrong.jpg
little_mix_right.jpg
pi@hadoop4:~/FaceDetect $
```

예제를 테스트하기 위해 다음을 입력한다.

$ python face_detect.py abba.png

추가로 사진을 다운받아서 테스트한다.

$ wget https://upload.wikimedia.org/wikipedia/commons/d/d2/The_Saturdays_in_Sept_2011.jpg

$ python face_detect.py The_Saturdays_in_Sept_2011.jpg

놀랍게도 얼굴만이 아닌 다른 부분에도 얼굴 인식이 적용하는 것을 확인할 수 있다. 이는 코드 수정이 필요하다. face_detect.py를 확인하면 다음과 같다.

```
  GNU nano 2.2.6              File: face_detect.py

import cv2
import sys

# Get user supplied values
imagePath = sys.argv[1]
cascPath = "haarcascade_frontalface_default.xml"

# Create the haar cascade
faceCascade = cv2.CascadeClassifier(cascPath)

# Read the image
image = cv2.imread(imagePath)
gray = cv2.cvtColor(image, cv2.COLOR_BGR2GRAY)

# Detect faces in the image
faces = faceCascade.detectMultiScale(
    gray,
    scaleFactor=1.1,
    minNeighbors=5,
    minSize=(30, 30),
    flags = cv2.cv.CV_HAAR_SCALE_IMAGE
)

print("Found {0} faces!".format(len(faces)))

# Draw a rectangle around the faces
for (x, y, w, h) in faces:
    cv2.rectangle(image, (x, y), (x+w, y+h), (0, 255, 0), 2)

cv2.imshow("Faces found", image)
cv2.waitKey(0)
```

위의 코드 중 얼굴을 탐지하는 부분은 faceCascade.detectMultiScale이다. 여기서 scaleFactor 값을
1.3으로 변경한 뒤 다시 실행한다.

```
# Detect faces in the image
faces = faceCascade.detectMultiScale(
    gray,
    scaleFactor=1.3
    minNeighbors=5,
    minSize=(30, 30),
    flags = cv2.cv.CV_HAAR_SCALE_IMAGE
)
```

제대로 얼굴인식이 되는 것을 확인할 수 있는데 이는 첫 번째 사진(PNG)에 비해 이 사진이 저품질(JPG)이었기 때문이다. 이것이 scaleFactor 값을 변경한 이유이다.

GitHub에서 예제 다운로드 2

```
$ git clone https://github.com/shantnu/Webcam-Face-Detect.git
$ cd Webcam-Face-Detect
```

다음을 입력하여 실행한다.

```
$ python webcam.py
```

파일을 실행하면 위와 같이 Video 창이 하나가 생기면서 webcam이 보는 화면을 출력한다. 그리고 webcam이 보고 있는 화면 중 얼굴을 녹색 네모로 표시하면서 얼굴 인식을 하는 것을 보여준다. 터미널에서 Ctrl+C를 입력하면 창이 꺼진다.

webcam.py의 코드는 다음과 같다.

```
  GNU nano 2.2.6                    File: webcam.py

import cv2
import sys

cascPath = "haarcascade_frontalface_default.xml"
faceCascade = cv2.CascadeClassifier(cascPath)

video_capture = cv2.VideoCapture(0)

while True:
    # Capture frame-by-frame
    ret, frame = video_capture.read()

    gray = cv2.cvtColor(frame, cv2.COLOR_BGR2GRAY)

    faces = faceCascade.detectMultiScale(
        gray,
        scaleFactor=1.1,
        minNeighbors=5,
        minSize=(30, 30),
        flags=cv2.cv.CV_HAAR_SCALE_IMAGE
    )

    # Draw a rectangle around the faces
    for (x, y, w, h) in faces:
        cv2.rectangle(frame, (x, y), (x+w, y+h), (0, 255, 0), 2)

    # Display the resulting frame
    cv2.imshow('Video', frame)

    if cv2.waitKey(1) & 0xFF == ord('q'):
        break

# When everything is done, release the capture
video_capture.release()
cv2.destroyAllWindows()
```

CAHPTER 10

Iperf

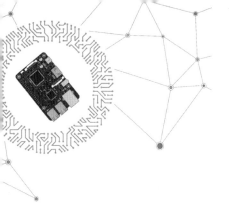

CAHPTER 10

Iperf

10.1 Iperf

Iperf는 네트워크 대역폭을 확인할 수 있는 프로그램이며, 프리웨어다. 많은 종류의 운영체제 (윈도우, 솔라리스, Irix, 리눅스, MAC OS 등)를 지원하고 사용방법이 간단하며 여러 종류의 방법 (MTU, 윈도우 사이즈, 프로토콜 변경 등)으로 테스트가 가능하다. Iperf 옵션은 다음과 같다.

- v(version) : 버전 확인
- h(help) : 도움말
- p(port number) : 포트번호(default 5001)
- u(udp) : TCP 대신 UDP 사용(default TCP)
- w(window size) : TCP 윈도우 사이즈(default 8Kbyte)
- M(MTU) : Maximum Transfer Unit
- V : IPv6
- c(client) : 클라이언트 모드
- b(bandwidth) : UDP에서 대역폭 지정(default 1Mbps)
- t(time) : 측정시간(default 10초)

• s(server) : 서버 모드

10.1.1 설치

Iperf를 이용하여 성능체크를 하려면 두 대의 라즈베리파이 또는 컴퓨터가 필요하다. 여기서는 2대의 라즈베리파이로 성능 체크를 하며, 터미널에서 다음과 같이 입력한다.

$ sudo apt-get install iperf

그러면 자동으로 설치가 되어 실행할 준비가 완료된다.

서버모드

성능체크를 하기 위해서 서버를 실행한다.

$ iperf -s

```
pi@hadoop1:~ $ iperf -s
------------------------------------------------------------
Server listening on TCP port 5001
TCP window size: 85.3 KByte (default)
------------------------------------------------------------
```

Iperf의 서버 화면

클라이언트 모드

또 다른 라즈베리파이로 다음과 같이 입력한다.

$ iperf -c 서버의 주소

그러면 다음의 그림과 같이 성능체크를 하게 된다.

```
pi@hadoop3:~ $ iperf -c 192.168.0.6
------------------------------------------------------------
Client connecting to 192.168.0.6, TCP port 5001
TCP window size: 43.8 KByte (default)
------------------------------------------------------------
[  3] local 192.168.0.9 port 51830 connected with 192.168.0.6 port 5001
[ ID] Interval       Transfer     Bandwidth
[  3]  0.0-10.3 sec  8.25 MBytes  6.74 Mbits/sec
pi@hadoop3:~ $
```

Iperf의 클라이언트 화면

```
pi@hadoop1:~ $ iperf -s
------------------------------------------------------------
Server listening on TCP port 5001
TCP window size: 85.3 KByte (default)
------------------------------------------------------------
[  4] local 192.168.0.6 port 5001 connected with 192.168.0.9 port 51830
[ ID] Interval       Transfer     Bandwidth
[  4]  0.0-10.9 sec  8.25 MBytes  6.34 Mbits/sec
```

네트워크 테스트가 수행된 Iperf의 서버 화면

10.2 Jperf

이번엔 iperf의 네트워크 트래픽을 그래프로 확인하기 위하여 jperf를 사용해본다. 먼저 사이트
(https://code.google.com/p/xjperf/downloads/list)에서 jperf 최신 버전을 다운로드한다.

그다음에 다운로드한 파일을 원하는 폴더로 옮긴 뒤에 다음의 명령어를 사용하여 압축을 푼다.

$ unzip jperf-2.0.2.zip

그러면 jperf-2.0.2 폴더가 하나 생기는데 이 폴더로 이동하여 다음과 같이 실행해본다.

$ ./jperf.sh

만약 허가 거부가 뜨면서 실행이 되지 않는다면 다음의 그림처럼 퍼미션을 바꾼 뒤 다시 실행하면 될 것이다.

```
pi@hadoop1:~/jperf-2.0.2 $ ./jperf.sh
-bash: ./jperf.sh: 허가 거부
pi@hadoop1:~/jperf-2.0.2 $ ls -al
합계 104
drwxr-xr-x  4 pi pi  4096 5월  5  2009 .
drwxr-xr-x 33 pi pi  4096 6월 16 09:41 ..
-rw-r--r--  1 pi pi  1556 5월  5  2009 ChangeLog
-rw-r--r--  1 pi pi   864 5월  5  2009 README.txt
drwxr-xr-x  2 pi pi  4096 5월  5  2009 bin
-rw-r--r--  1 pi pi   149 5월  5  2009 jperf.bat
-rw-r--r--  1 pi pi 71521 5월  5  2009 jperf.jar
-rw-r--r--  1 pi pi   148 5월  5  2009 jperf.sh
drwxr-xr-x  2 pi pi  4096 5월  5  2009 lib
pi@hadoop1:~/jperf-2.0.2 $ chmod +x jperf.sh
```

```
pi@hadoop1:~/jperf-2.0.2 $ ls -al
합계 104
drwxr-xr-x  4 pi pi  4096 5월  5  2009 .
drwxr-xr-x 33 pi pi  4096 6월 16 09:41 ..
-rw-r--r--  1 pi pi  1556 5월  5  2009 ChangeLog
-rw-r--r--  1 pi pi   864 5월  5  2009 README.txt
drwxr-xr-x  2 pi pi  4096 5월  5  2009 bin
-rw-r--r--  1 pi pi   149 5월  5  2009 jperf.bat
-rw-r--r--  1 pi pi 71521 5월  5  2009 jperf.jar
-rwxr-xr-x  1 pi pi   148 5월  5  2009 jperf.sh
drwxr-xr-x  2 pi pi  4096 5월  5  2009 lib
pi@hadoop1:~/jperf-2.0.2 $ ./jperf.sh
```

실행해서 다음과 같은 화면이 나오면 제대로 된 것이다.

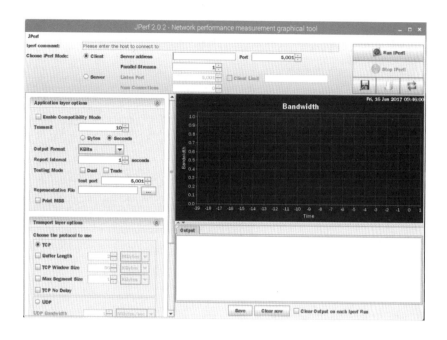

앞의 과정대로 나머지 한쪽의 라즈베리파이도 jperf를 실행한 뒤 대역폭을 측정해본다. 다음의
그림은 10초 동안 1초 때마다 서버와 클라이언트의 대역폭을 MBytes로 측정한 값이다.

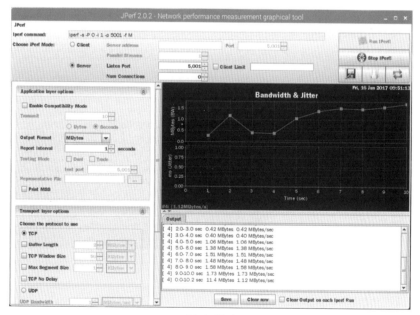

서버 화면

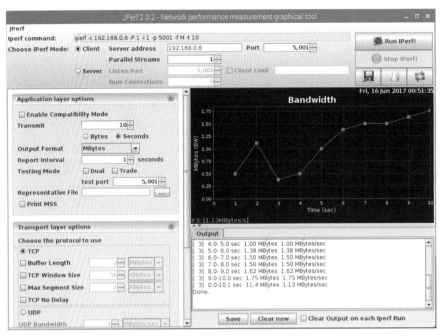

클라이언트 화면

이번엔 하나의 서버에 3개의 클라이언트를 동시에 실행하면 대역폭이 어느 정도인지 측정해 보자. 먼저 서버는 Num Connections를 3으로 맞춰놓고 실행한다.

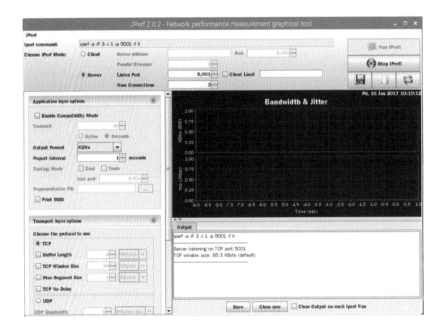

나머지 3개의 클라이언트의 iperf 값은 다음과 같이 한다.

$ iperf -c 주소 -P 1 -i 1 -p 5001 -C -f M -t 10

위의 명령어로 클라이언트 3개를 동시에 실행하면 서버의 상태는 다음과 같다.

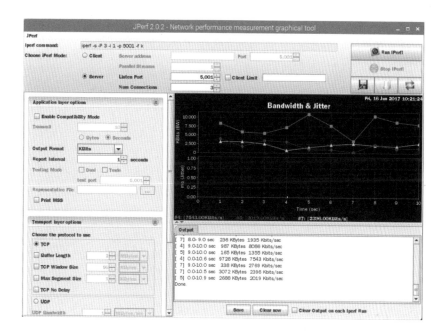

1:1로 전송할 때와 비교하면 전송 값이 줄어드는 것을 확인할 수 있다. (위의 테스트는 무선에서 한 것이다. 유선으로 테스트한다면 각 전송 값이 1/3로 전송될 것이다.) 이것 외에도 다양한 옵션이 있으니 하나씩 바꿔가면서 테스트해보고 기능을 숙지한다.

CAHPTER 11

검색엔진 Lucene

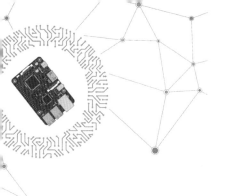

CAHPTER 11

검색엔진 Lucene

정보검색업계에서 루씬(Lucene)이 인기 있는 이유는 강력하기도 하지만 간단하기 때문이다. 잘 설계된 구조를 기반으로 꼭 필요한 API를 적절하게 사용하도록 유도하기 때문에 기본적인 색인이나 검색기능을 사용하기 위해 간단한 프로그램 예제를 통해 살펴보자.

11.1 Lucene 설치 및 실행

먼저 Lucene을 설치하기 위해서 다음과 같은 명령어를 입력한다.

```
$ wget http://apache.mirror.cdnetworks.com/lucene/java/6.5.1/lucene-6.5.1.tgz
```

그리고 압축을 푼다.

```
$ tar xvzf lucene-6.5.1.tgz
$ cd lucene-6.5.1
```

```
lucene-6.5.1/highlighter/lucene-highlighter-6.5.1.jar
lucene-6.5.1/join/lucene-join-6.5.1.jar
lucene-6.5.1/memory/lucene-memory-6.5.1.jar
lucene-6.5.1/misc/lucene-misc-6.5.1.jar
lucene-6.5.1/queries/lucene-queries-6.5.1.jar
lucene-6.5.1/queryparser/lucene-queryparser-6.5.1.jar
lucene-6.5.1/replicator/lucene-replicator-6.5.1.jar
lucene-6.5.1/sandbox/lucene-sandbox-6.5.1.jar
lucene-6.5.1/spatial-extras/lucene-spatial-extras-6.5.1.jar
lucene-6.5.1/spatial/lucene-spatial-6.5.1.jar
lucene-6.5.1/spatial3d/lucene-spatial3d-6.5.1.jar
lucene-6.5.1/suggest/lucene-suggest-6.5.1.jar
lucene-6.5.1/test-framework/lucene-test-framework-6.5.1.jar
pi@hadoop3:~ $ cd lucene-6.5.1
pi@hadoop3:~/lucene-6.5.1 $ ls
CHANGES.txt                 backward-codecs  facet       queryparser
JRE_VERSION_MIGRATION.txt   benchmark        grouping    replicator
LICENSE.txt                 classification   highlighter sandbox
MIGRATE.txt                 codecs           join        spatial
NOTICE.txt                  core             licenses    spatial-extras
README.txt                  demo             memory      spatial3d
SYSTEM_REQUIREMENTS.txt     docs             misc        suggest
analysis                    expressions      queries     test-framework
pi@hadoop3:~/lucene-6.5.1 $ []
```

Lucene을 이용하려면 몇 개의 jar 파일의 java classpath를 잡아줘야 되는데 다음의 명령어로 직접 파일을 복사하여 옮기면 자동으로 classpath를 잡아준다.

$ sudo cp demo/lucene-demo-6.5.1.jar /usr/lib/jvm/사용하는 java폴더/jre/lib/ext

$ sudo cp core/lucene-core-6.5.1.jar /usr/lib/jvm/사용하는 java폴더/jre/lib/ext

$ sudo cp queryparser/lucene-queryparser-6.5.1.jar /usr/lib/jvm/사용하는 java폴더/jre/lib/ext

$ sudo cp analysis/common/lucene-analyzers-common-6.5.1.jar /usr/lib/jvm/사용하는 java폴더/jre/lib/ext

```
pi@hadoop3:~/lucene-6.5.1 $ sudo cp demo/lucene-demo-6.5.1.jar /usr/lib/jvm/jdk-
8-oracle-arm32-vfp-hflt/jre/lib/ext/
pi@hadoop3:~/lucene-6.5.1 $ sudo cp core/lucene-core-6.5.1.jar /usr/lib/jvm/jdk-
8-oracle-arm32-vfp-hflt/jre/lib/ext/
pi@hadoop3:~/lucene-6.5.1 $ sudo cp queryparser/lucene-queryparser-6.5.1.jar /us
r/lib/jvm/jdk-8-oracle-arm32-vfp-hflt/jre/lib/ext/
pi@hadoop3:~/lucene-6.5.1 $ sudo cp analysis/common/lucene-analyzers-common-6.5.
1.jar /usr/lib/jvm/jdk-8-oracle-arm32-vfp-hflt/jre/lib/ext/
pi@hadoop3:~/lucene-6.5.1 $ cd /usr/lib/jvm/jdk-8-oracle-arm32-vfp-hflt/jre/lib/
ext/
pi@hadoop3:/usr/lib/jvm/jdk-8-oracle-arm32-vfp-hflt/jre/lib/ext $ ls -al lucene-
*
-rw-r--r-- 1 root root 1513865  4월 28 05:46 lucene-analyzers-common-6.5.1.jar
-rw-r--r-- 1 root root 2776125  4월 28 05:45 lucene-core-6.5.1.jar
-rw-r--r-- 1 root root   53694  4월 28 05:45 lucene-demo-6.5.1.jar
-rw-r--r-- 1 root root  404762  4월 28 05:45 lucene-queryparser-6.5.1.jar
pi@hadoop3:/usr/lib/jvm/jdk-8-oracle-arm32-vfp-hflt/jre/lib/ext $
```

그다음 lucene-demo-6.5.1.jar에 있는 IndexFiles와 SearchFiles를 실행하기 위해서 다음과 같은 준비를 한다.

- lucene-6.5.1폴더 안에 src폴더를 하나 만든다.
- 각각 "hello", "apple", "lol"이라는 내용이 들어간 텍스트파일 file1.txt, file2.txt, file3.txt을 만든다.

다음과 같은 화면이면 준비가 다 된 것이다.

```
pi@hadoop3:~/lucene-6.5.1/src $ ls -al
합계 20
drwxr-xr-x  2 pi pi 4096  4월 28 05:54 .
drwxr-xr-x 28 pi pi 4096  4월 28 05:53 ..
-rw-r--r--  1 pi pi    6  4월 28 05:53 file1.txt
-rw-r--r--  1 pi pi    6  4월 28 05:54 file2.txt
-rw-r--r--  1 pi pi    4  4월 28 05:54 file3.txt
pi@hadoop3:~/lucene-6.5.1/src $
```

```
  GNU nano 2.2.6                   File: file1.txt


hello
```

```
  GNU nano 2.2.6                   File: file2.txt


apple
```

```
  GNU nano 2.2.6                    File: file3.txt

lol
```

이어서 lucene-6.5.1 폴더로 돌아가서 다음의 명령어로 IndexFiles를 실행하면 다음과 같은 화면이 나오면서 index 폴더에 색인 값이 저장된다.

$ java org.apache.lucene.demo.IndexFiles -docs src/

```
pi@hadoop3:~/lucene-6.5.1 $ java org.apache.lucene.demo.IndexFiles -docs src
Indexing to directory 'index'...
adding src/file3.txt
adding src/file1.txt
adding src/file2.txt
3213 total milliseconds
pi@hadoop3:~/lucene-6.5.1 $
```

위의 그림처럼 file1.txt, file2.txt, file3.txt가 추가되는 것을 볼 수 있다. 그리고 다음과 같이 index 폴더가 추가된 것도 확인할 수 있다.

```
pi@hadoop3:~/lucene-6.5.1 $ cd index/
pi@hadoop3:~/lucene-6.5.1/index $ ls -al
합계 24
drwxr-xr-x  2 pi pi 4096  4월 28 06:10 .
drwxr-xr-x 29 pi pi 4096  4월 28 06:10 ..
-rw-r--r--  1 pi pi  341  4월 28 06:10 _0.cfe
-rw-r--r--  1 pi pi 1466  4월 28 06:10 _0.cfs
-rw-r--r--  1 pi pi  359  4월 28 06:10 _0.si
-rw-r--r--  1 pi pi  136  4월 28 06:10 segments_1
-rw-r--r--  1 pi pi    0  4월 28 06:10 write.lock
pi@hadoop3:~/lucene-6.5.1/index $
```

이제 색인된 파일을 탐색하기 위해 다음을 입력한다.

$ cd ..
$ java org.apache.lucene.demo.SearchFiles

그러면 다음과 같이 값을 입력하는 화면이 나오고 각각 "hello", "apple", "lol"을 입력해보자.

그러면 다음의 화면과 같이 값을 가지고 있는 파일의 위치를 찾아낸다.

```
pi@hadoop3:~/lucene-6.5.1/index $ cd ..
pi@hadoop3:~/lucene-6.5.1 $ java org.apache.lucene.demo.SearchFiles
Enter query:
hello
Searching for: hello
1 total matching documents
1. src/file1.txt
Press (q)uit or enter number to jump to a page.

Enter query:
apple
Searching for: apple
1 total matching documents
1. src/file2.txt
Press (q)uit or enter number to jump to a page.

Enter query:
lol
Searching for: lol
1 total matching documents
1. src/file3.txt
Press (q)uit or enter number to jump to a page.
```

이것 이외의 값을 입력하면 찾아내지 못한다. 그리고 입력상태에서 Enter↵ 키를 한 번 더 누르면 자동으로 종료하게 된다.

이제 다시 lucene-6.5.1 폴더로 돌아가서 IndexFiles 및 SerchFiles를 직접 만들어보자. 먼저 IndexFiles.java 파일을 만들어서 다음의 코드를 입력한다.

```java
import java.io.BufferedReader;

import java.io.IOException;

import java.io.InputStream;

import java.io.InputStreamReader;

import java.nio.charset.StandardCharsets;

import java.nio.file.FileVisitResult;

import java.nio.file.Files;

import java.nio.file.Path;

import java.nio.file.Paths;
```

```java
import java.nio.file.SimpleFileVisitor;
import java.nio.file.attribute.BasicFileAttributes;
import java.util.Date;

import org.apache.lucene.analysis.Analyzer;
import org.apache.lucene.analysis.standard.StandardAnalyzer;
import org.apache.lucene.document.LongPoint;
import org.apache.lucene.document.Document;
import org.apache.lucene.document.Field;
import org.apache.lucene.document.StringField;
import org.apache.lucene.document.TextField;
import org.apache.lucene.index.IndexWriter;
import org.apache.lucene.index.IndexWriterConfig.OpenMode;
import org.apache.lucene.index.IndexWriterConfig;
import org.apache.lucene.index.Term;
import org.apache.lucene.store.Directory;
import org.apache.lucene.store.FSDirectory;

public class IndexFiles {

  private IndexFiles() {}

  public static void main(String[] args) {
    String usage = "java org.apache.lucene.demo.IndexFiles"
                 + " [-index INDEX_PATH] [-docs DOCS_PATH] [-update]\n\n"
                 + "This indexes the documents in DOCS_PATH, creating a Lucene
index"
                 + "in INDEX_PATH that can be searched with SearchFiles";
    String indexPath = "index";
    String docsPath = null;
    boolean create = true;
```

```java
        for(int i=0;i<args.length;i++) {
          if ("-index".equals(args[i])) {
            indexPath = args[i+1];
            i++;
          } else if ("-docs".equals(args[i])) {
            docsPath = args[i+1];
            i++;
          } else if ("-update".equals(args[i])) {
           create = false;
          }
        }

        if (docsPath == null) {
          System.err.println("Usage: " + usage);
          System.exit(1);
        }

        final Path docDir = Paths.get(docsPath);
        if (!Files.isReadable(docDir)) {
          System.out.println("Document directory '" +docDir.toAbsolutePath()+ "' does not
exist or is not readable, please check the path");
          System.exit(1);
        }

        Date start = new Date();
        try {
          System.out.println("Indexing to directory '" + indexPath + "'...");

          Directory dir = FSDirectory.open(Paths.get(indexPath));
          Analyzer analyzer = new StandardAnalyzer();
          IndexWriterConfig iwc = new IndexWriterConfig(analyzer);
```

```
    if (create) {
      iwc.setOpenMode(OpenMode.CREATE);
    } else {
      iwc.setOpenMode(OpenMode.CREATE_OR_APPEND);
    }

    IndexWriter writer = new IndexWriter(dir, iwc);
    indexDocs(writer, docDir);

    writer.close();

    Date end = new Date();
    System.out.println(end.getTime() - start.getTime() + " total milliseconds");
  } catch (IOException e) {
    System.out.println(" caught a " + e.getClass() +
      "\n with message: " + e.getMessage());
  }
}

static void indexDocs(final IndexWriter writer, Path path) throws IOException {
  if (Files.isDirectory(path)) {
    Files.walkFileTree(path, new SimpleFileVisitor<Path>() {
      @Override
      public FileVisitResult visitFile(Path file, BasicFileAttributes attrs) throws
IOException {
        try {
          indexDoc(writer, file, attrs.lastModifiedTime().toMillis());
        } catch (IOException ignore) {
        }
        return FileVisitResult.CONTINUE;
```

```
        }
      });
    } else {
      indexDoc(writer, path, Files.getLastModifiedTime(path).toMillis());
    }
  }


  static void indexDoc(IndexWriter writer, Path file, long lastModified) throws
IOException {
    try (InputStream stream = Files.newInputStream(file)) {

      Document doc = new Document();

      Field pathField = new StringField("path", file.toString(), Field.Store.YES);
      doc.add(pathField);

      doc.add(new LongPoint("modified", lastModified));

      doc.add(new          TextField("contents",          new          BufferedReader(new
InputStreamReader(stream, StandardCharsets.UTF_8))));

      if (writer.getConfig().getOpenMode() == OpenMode.CREATE) {
        System.out.println("adding " + file);
        writer.addDocument(doc);
      } else {
        System.out.println("updating " + file);
        writer.updateDocument(new Term("path", file.toString()), doc);
      }
    }
  }
}
```

이번엔 SearchFiles.java를 만들어서 다음의 코드를 입력한다.

```
import java.io.BufferedReader;
import java.io.IOException;
import java.io.InputStreamReader;
import java.nio.charset.StandardCharsets;
import java.nio.file.Files;
import java.nio.file.Paths;
import java.util.Date;

import org.apache.lucene.analysis.Analyzer;
import org.apache.lucene.analysis.standard.StandardAnalyzer;
import org.apache.lucene.document.Document;
import org.apache.lucene.index.DirectoryReader;
import org.apache.lucene.index.IndexReader;
import org.apache.lucene.queryparser.classic.QueryParser;
import org.apache.lucene.search.IndexSearcher;
import org.apache.lucene.search.Query;
import org.apache.lucene.search.ScoreDoc;
import org.apache.lucene.search.TopDocs;
import org.apache.lucene.store.FSDirectory;

public class SearchFiles {

  private SearchFiles() {}

  public static void main(String[] args) throws Exception {
    String usage =
      "Usage:\tjava org.apache.lucene.demo.SearchFiles [-index dir] [-field f] [-repeat n]
[-queries    file]    [-query    string]    [-raw]    [-paging    hitsPerPage]\n\nSee
```

```
http://lucene.apache.org/core/4_1_0/demo/ for details.";
    if (args.length > 0 && ("-h".equals(args[0]) || "-help".equals(args[0]))) {
        System.out.println(usage);
        System.exit(0);
    }

    String index = "index";
    String field = "contents";
    String queries = null;
    int repeat = 0;
    boolean raw = false;
    String queryString = null;
    int hitsPerPage = 10;

    for(int i = 0;i < args.length;i++) {
        if ("-index".equals(args[i])) {
            index = args[i+1];
            i++;
        } else if ("-field".equals(args[i])) {
            field = args[i+1];
            i++;
        } else if ("-queries".equals(args[i])) {
            queries = args[i+1];
            i++;
        } else if ("-query".equals(args[i])) {
            queryString = args[i+1];
            i++;
        } else if ("-repeat".equals(args[i])) {
            repeat = Integer.parseInt(args[i+1]);
            i++;
        } else if ("-raw".equals(args[i])) {
```

```java
        raw = true;
      } else if ("-paging".equals(args[i])) {
        hitsPerPage = Integer.parseInt(args[i+1]);
        if (hitsPerPage <= 0) {
          System.err.println("There must be at least 1 hit per page.");
          System.exit(1);
        }
        i++;
      }
    }

    IndexReader reader = DirectoryReader.open(FSDirectory.open(Paths.get(index)));
    IndexSearcher searcher = new IndexSearcher(reader);
    Analyzer analyzer = new StandardAnalyzer();

    BufferedReader in = null;
    if (queries != null) {
      in = Files.newBufferedReader(Paths.get(queries), StandardCharsets.UTF_8);
    } else {
      in = new BufferedReader(new InputStreamReader(System.in,
StandardCharsets.UTF_8));
    }
    QueryParser parser = new QueryParser(field, analyzer);
    while (true) {
      if (queries == null && queryString == null) {                // prompt
the user
        System.out.println("Enter query: ");
      }

      String line = queryString != null ? queryString : in.readLine();
```

```
        if (line == null || line.length() == -1) {
          break;
        }


        line = line.trim();
        if (line.length() == 0) {
          break;
        }


        Query query = parser.parse(line);
        System.out.println("Searching for: " + query.toString(field));


        if (repeat > 0) {                              // repeat & time as benchmark
          Date start = new Date();
          for (int i = 0; i < repeat; i++) {
            searcher.search(query, 100);
          }
          Date end = new Date();
          System.out.println("Time: "+(end.getTime()-start.getTime())+"ms");
        }


        doPagingSearch(in, searcher, query, hitsPerPage, raw, queries == null &&
queryString == null);


        if (queryString != null) {
          break;
        }
      }
    }
    reader.close();
  }
```

```java
    public static void doPagingSearch(BufferedReader in, IndexSearcher searcher, Query
query,
                                      int hitsPerPage, boolean raw, boolean interactive)
throws IOException {

    TopDocs results = searcher.search(query, 5 * hitsPerPage);
    ScoreDoc[] hits = results.scoreDocs;

    int numTotalHits = results.totalHits;
    System.out.println(numTotalHits + " total matching documents");

    int start = 0;
    int end = Math.min(numTotalHits, hitsPerPage);

    while (true) {
      if (end > hits.length) {
        System.out.println("Only results 1 - " + hits.length +" of " + numTotalHits +
" total matching documents collected.");
        System.out.println("Collect more (y/n) ?");
        String line = in.readLine();
        if (line.length() == 0 || line.charAt(0) == 'n') {
          break;
        }

        hits = searcher.search(query, numTotalHits).scoreDocs;
      }

      end = Math.min(hits.length, start + hitsPerPage);

      for (int i = start; i < end; i++) {
        if (raw) {                                      // output raw format
```

```java
        System.out.println("doc="+hits[i].doc+" score="+hits[i].score);
        continue;
      }

      Document doc = searcher.doc(hits[i].doc);
      String path = doc.get("path");
      if (path != null) {
        System.out.println((i+1) + ". " + path);
        String title = doc.get("title");
        if (title != null) {
          System.out.println("   Title: " + doc.get("title"));
        }
      } else {
        System.out.println((i+1) + ". " + "No path for this document");
      }

    }

    if (!interactive || end == 0) {
      break;
    }

    if (numTotalHits >= end) {
      boolean quit = false;
      while (true) {
        System.out.print("Press ");
        if (start - hitsPerPage >= 0) {
          System.out.print("(p)revious page, ");
        }
        if (start + hitsPerPage < numTotalHits) {
          System.out.print("(n)ext page, ");
```

```
      }
      System.out.println("(q)uit or enter number to jump to a page.");

      String line = in.readLine();
      if (line.length() == 0 || line.charAt(0) == 'q') {
        quit = true;
        break;
      }
      if (line.charAt(0) == 'p') {
        start = Math.max(0, start - hitsPerPage);
        break;
      } else if (line.charAt(0) == 'n') {
        if (start + hitsPerPage < numTotalHits) {
          start += hitsPerPage;
        }
        break;
      } else {
        int page = Integer.parseInt(line);
        if ((page - 1) * hitsPerPage < numTotalHits) {
          start = (page - 1) * hitsPerPage;
          break;
        } else {
          System.out.println("No such page");
        }
      }
    }
    if (quit) break;
    end = Math.min(numTotalHits, start + hitsPerPage);
  }
}
}
```

```
}
```

다음을 입력하여 위의 파일을 컴파일한다.

    $ javac IndexFiles.java

    $ javac SearchFiles.java

```
pi@hadoop3:~/lucene-6.5.1 $ ls *.java
IndexFiles.java  SearchFiles.java
pi@hadoop3:~/lucene-6.5.1 $ javac IndexFiles.java
pi@hadoop3:~/lucene-6.5.1 $ javac SearchFiles.java
pi@hadoop3:~/lucene-6.5.1 $ ls
CHANGES.txt                   SearchFiles.class   expressions   replicator
IndexFiles$1.class            SearchFiles.java    facet         sandbox
IndexFiles.class              analysis            grouping      spatial
IndexFiles.java               backward-codecs     highlighter   spatial-extras
JRE_VERSION_MIGRATION.txt     benchmark           join          spatial3d
LICENSE.txt                   classification      licenses      src
MIGRATE.txt                   codecs              memory        suggest
NOTICE.txt                    core                misc          test-framework
README.txt                    demo                queries
SYSTEM_REQUIREMENTS.txt       docs                queryparser
pi@hadoop3:~/lucene-6.5.1 $
```

이제 이전에 했던 테스트를 다시 해본다. 다음을 입력한다.

    $ java IndexFiles -docs src

    $ java SearchFiles

```
pi@hadoop3:~/lucene-6.5.1 $ java IndexFiles -docs src
Indexing to directory 'index'...
adding src/file3.txt
adding src/file1.txt
adding src/file2.txt
1425 total milliseconds
pi@hadoop3:~/lucene-6.5.1 $ java SearchFiles
Enter query:
hello
Searching for: hello
1 total matching documents
1. src/file1.txt
Press (q)uit or enter number to jump to a page.

Enter query:
lol
Searching for: lol
1 total matching documents
1. src/file3.txt
Press (q)uit or enter number to jump to a page.
```

여기까지가 기본적인 lucene의 사용법이고 위의 IndexFiles와 SearchFiles의 원본 소스 코드는 다음의 웹사이트에서도 확인 가능하다.

IndexFiles:

https://lucene.apache.org/core/6_5_1/demo/src-html/org/apache/lucene/demo/IndexFiles.html

SearchFiles:

https://lucene.apache.org/core/6_5_1/demo/src-html/org/apache/lucene/demo/SearchFiles.html

CAHPTER 12

Docker

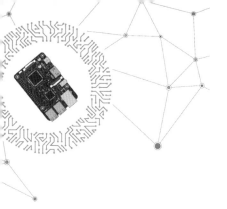

CAHPTER 12

Docker

Docker는 리눅스 서버를 손쉽게 패키징하고, 배포할 수 있도록 해주는 컨테이너 기반의 오픈소스 가상화 플랫폼이다.

또한 Docker는 다양한 프로그램, 실행환경을 컨테이너로 추상화하고 동일한 인터페이스를 제공하여 프로그램의 배포 및 관리를 단순하게 해주는 역할과. 백엔드 프로그램, 데이터베이스 서버, 메시지 큐 등 어떤 프로그램도 컨테이너로 추상화할 수 있고 PC나 cloud 환경 등 어디에서든 실행할 수 있다.

Docker는 이미지와 컨테이너라는 개념이 있다. 먼저 베이스 이미지가 있는데, 리눅스 배포판의 유저랜드만 설치된 파일을 뜻한다. 보통 리눅스 배포판 이름으로 되어 있다. 또는 리눅스 배포판 유저랜드에 Redis나 Nginx 등이 설치된 베이스 이미지도 있다. 그래서 Docker 이미지라고 하면 베이스 이미지에 필요한 프로그램과 라이브러리, 소스를 설치한 뒤 파일 하나로 만든 것을 말한다.

각 리눅스 배포판 이름으로 된 베이스 이미지는 배포판 특유의 패키징 시스템을 이용할 수 있다. 원한다면 베이스 이미지를 직접 만들 수도 잇다.

이렇듯 Docker를 활용하면 서버나 애플리케이션 등을 손쉽게 관리, 배포할 수 있다.

12.1 Docker 설치

먼저 Docker를 설치하는 방법은 여러 가지 방법이 있는데 라즈베리파이에서의 설치법은 매우 간단하다. 설치하기 위해서는 다음과 같은 명령을 입력한다.

```
$ sudo apt-get update
$ curl -sSL https://get.docker.com/ | sh
```

위 명령어를 입력하면 시간이 조금 걸리지만 docker가 자동으로 설치된다.

```
pi@hadoop1:~ $ curl -sSL https://get.docker.com/ | sh
+ sudo -E sh -c sleep 3; apt-get update
Hit http://mirrordirector.raspbian.org jessie InRelease
Hit http://mirrordirector.raspbian.org jessie/main armhf Packages
Hit http://mirrordirector.raspbian.org jessie/contrib armhf Packages
Hit http://mirrordirector.raspbian.org jessie/non-free armhf Packages
Hit http://mirrordirector.raspbian.org jessie/rpi armhf Packages
7% [Packages 50.1 MB] [Waiting for headers] [Connecting to archive.raspberrypi.
```

설치가 완료되면 다음과 같은 화면이 나온다.

```
+ sudo -E sh -c docker version
Client:
 Version:      17.05.0-ce
 API version:  1.29
 Go version:   go1.7.5
 Git commit:   89658be
 Built:        Thu May  4 22:30:54 2017
 OS/Arch:      linux/arm

Server:
 Version:      17.05.0-ce
 API version:  1.29 (minimum version 1.12)
 Go version:   go1.7.5
 Git commit:   89658be
 Built:        Thu May  4 22:30:54 2017
 OS/Arch:      linux/arm
 Experimental: false

If you would like to use Docker as a non-root user, you should now consider
adding your user to the "docker" group with something like:

  sudo usermod -aG docker pi
```

```
Remember that you will have to log out and back in for this to take effect!
WARNING: Adding a user to the "docker" group will grant the ability to run
         containers which can be used to obtain root privileges on the
         docker host.
         Refer to https://docs.docker.com/engine/security/security/#docker-daemo
n-attack-surface
         for more information.
pi@hadoop1:~ $
```

non-root user로 사용하고 싶다면 다음을 입력한 뒤 터미널을 재시작한다.

$ sudo usermod -aG docker pi

```
pi@hadoop1:~ $ sudo usermod -aG docker pi
pi@hadoop1:~ $
```

12.2 Docker 명령어 정리

12.2.1 컨테이너 관련 명령어

컨테이너와 가상 머신 간의 관계는 쓰레드와 프로세스 간의 관계와 비슷하다.

- 컨테이너는 일시적으로 작동하지 않는다. docker run은 보통으로 얼핏 예상하는 그런 식으로 작동하지 않는다.
- 컨테이너에서 오직 하나의 명령어나 커맨드만 실행시킨다는 것은 잘못된 생각이다. supervisord 나 runit를 사용할 수 있다.
  - docker run 컨테이너를 생성한다.
  - docker stop 컨테이너를 정지시킨다.
  - docker start 컨테이너를 다시 실행시킨다.
  - docker restart 컨테이너를 재가동한다.
  - docker rm 컨테이너를 삭제한다.
  - docker kill 컨테이너에게 SIGKILL을 보낸다. 이에 관련된 이슈가 있다.

－docker attach 실행 중인 컨테이너에 접속한다. * docker wait 컨테이너가 멈출 때까지 블록한다.

컨테이너를 실행하고 컨테이너에 접속하고자 할 때는 docker start 명령어를 실행하고 docker attach 명령어를 실행한다.

일시적인 컨테이너를 생성하고자 할 때는 docker run -rm 명령어를 사용해 컨테이너를 생성할 수 있다. 이 컨테이너는 멈춰지면 삭제된다.

이미지 안을 뒤질 필요가 있을 때는 docker run -t -i <myshell> 명령어로 tty를 열 수 있다.

호스트의 디렉터리와 Docker 컨테이너 디렉터리를 맵핑하고자 할 때는 docker run -v $HOSTDIR:$DOCKERDIR 명령어를 사용할 수 있다(also see Volumes section).

컨테이너를 host process manager와 통합하고자 할 때는 Dockre 데몬을-r＝false 옵션으로 실행시키고 docker start -a 명령어를 실행하면 된다.

관련된 정보를 출력해주는 명령어

- docker ps 명령어는 실행 중인 컨테이너 목록을 보여준다.
- docker inspect ip 주소를 포함한 특정 컨테이너에 대한 모든 정보를 보여준다.
- docker logs 컨테이너로부터 로그를 가져온다.
- docker events 컨테이너로부터 이벤트를 가져온다.
- docker port 컨테이너의 특정 포트가 어디로 연결되어 있는지 보여준다.
- docker top 컨테이너에서 실행 중인 프로세스를 보여준다.
- docker diff 컨테이너 파일 시스템에서 변경된 파일들을 보여준다.

Import / Export

- docker cp 컨테이너 내의 파일을 호스트로 복사한다.
- docker export 컨테이너 파일 시스템을 tarball로 출력한다.

12.2.2 이미지 관련 명령어

이미지는 그저 Docker 컨테이너의 템플릿이다.

라이프 사이클

- docker images 모든 이미지 목록을 보여준다.
- docker import tarball 파일로부터 이미지를 생성한다.
- docker build Dockerfile을 통해 이미지를 생성한다.
- docker commit 컨테이너에서 이미지를 생성한다.
- docker rmi 이미지를 삭제한다.
- docker insert URL에서 이미지로 파일을 집어넣는다. * docker load 표준 입력으로 tar 파일에서 (이미지와 태그를 포함한) 이미지를 불러온다(0.7부터 사용 가능).
- docker save 모든 부모 레이어와 태그, 버전 정보를 tar 형식으로 표준출력을 통해 @@@(0.7부터 사용 가능).

docker import와 docker commit 파일 시스템만 셋업하고 Dockerfile과 같은 CMD, ENTRYPOINT, EXPOSE는 포함하지 않는다.

관련된 정보를 출력해주는 명령어

- docker history 이미지의 이력 정보를 보여준다.
- docker tag 이미지에 이름으로 태그를 붙여준다(local 혹은 registry).

12.2.3 레지스트리 & 저장소 관련 명령어

저장소(repository)란 컨테이너를 위한 파일 시스템을 생성할 수 있는 호스트되는 태그가 붙어 있는 이미지들의 집합이며, 레지스트리란 저장소를 저장해두고 HTTP API를 통해 저장소의 업로드, 관리, 다운로드를 제공하는 호스트를 의미한다. 그리고 Docker.io는 매우 다양한 저장소를 포함하고 있는 이미지 [index]를 가지고 있는 중앙 레지스트리이다.

- docker login 레지스트리에 로그인한다.
- docker search 레지스트리에서 이미지를 검색한다.
- docker pull 이미지를 레지스트리에서 로컬 머신으로 가져온다(pull).
- docker push 이미지를 로컬 머신에서 레지스트리에 집어넣는다(push).

12.3 Docker 테스트

이제 docker가 제대로 설치가 되었는지 다음을 입력하여 테스트한다.

$ docker run hello-world

그럼 다음과 같은 화면이 나오면서 에러가 나오는 것을 확인할 수 있다.

```
pi@hadoop1:~ $ docker run hello-world
Unable to find image 'hello-world:latest' locally
latest: Pulling from library/hello-world
78445dd45222: Pull complete
Digest: sha256:c5515758d4c5e1e838e9cd307f6c6a0d620b5e07e6f927b07d05f6d12a1ac8d7
Status: Downloaded newer image for hello-world:latest
standard_init_linux.go:178: exec user process caused "exec format error"
pi@hadoop1:~ $ []
```

위와 같은 에러가 나타나는 이유는 라즈베리파이가 x86_64 processors를 사용하는 게 아닌 ARM을 사용하기 때문이다. 따라서 라즈베리파이에서는 ARM 아키텍처 이미지를 사용해야 한다. 다음을 입력하여 hello-world를 다시 실행한다.

$ docker run armhf/hello-world

```
pi@hadoop1:~ $ docker run armhf/hello-world
Unable to find image 'armhf/hello-world:latest' locally
latest: Pulling from armhf/hello-world
a0691bf12e4e: Pull complete
Digest: sha256:9701edc932223a66e49dd6c894a11db8c2cf4eccd1414f1ec105a623bf16b426
Status: Downloaded newer image for armhf/hello-world:latest

Hello from Docker on armhf!
This message shows that your installation appears to be working correctly.

To generate this message, Docker took the following steps:
 1. The Docker client contacted the Docker daemon.
 2. The Docker daemon pulled the "hello-world" image from the Docker Hub.
 3. The Docker daemon created a new container from that image which runs the
    executable that produces the output you are currently reading.
 4. The Docker daemon streamed that output to the Docker client, which sent it
    to your terminal.

To try something more ambitious, you can run an Ubuntu container with:
 $ docker run -it ubuntu bash

Share images, automate workflows, and more with a free Docker Hub account:
 https://hub.docker.com

For more examples and ideas, visit:
 https://docs.docker.com/engine/userguide/

pi@hadoop1:~ $
```

위 그림에서 알 수 있듯이 제대로 실행되는 것을 확인할 수 있다.

위의 run 명령어는 이미지를 다운 및 컨테이너 생성을 자동으로 해준다. 이번에는 ubuntu 이미지만 받기 위해 pull 명령어를 사용한다. 다음을 입력한다.

$ docker pull armv7/armhf-ubuntu

```
pi@hadoop1:~ $ docker pull armv7/armhf-ubuntu
Using default tag: latest
latest: Pulling from armv7/armhf-ubuntu
48204675bcf4: Pull complete
deeb9290741f: Pull complete
0e2df1498638: Pull complete
dba9c823b8e9: Pull complete
Digest: sha256:fc32949ab8547c9400bb804004aa3d36fd53d2fedba064a9594a173a6ed4a3b6
Status: Downloaded newer image for armv7/armhf-ubuntu:latest
pi@hadoop1:~ $
```

다음 명령어로 가지고 있는 이미지를 확인 할 수 있다. 다음을 입력한다.

```
$ docker images
```

```
pi@hadoop1:~ $ docker images
REPOSITORY              TAG              IMAGE ID         CREATED
 SIZE
hello-world             latest           48b5124b2768     4 months ago
 1.84kB
armv7/armhf-ubuntu      latest           4d7ccbc584c8     6 months ago
 122MB
armhf/hello-world       latest           d40384c3f861     7 months ago
 1.64kB
pi@hadoop1:~ $
```

이제 받아온 image를 사용하여 컨테이너를 생성한다. 다음을 입력한다.

```
$ docker run -it armv7/armhf-ubuntu bash
```

```
pi@hadoop1:~ $ docker run -it armv7/armhf-ubuntu bash
root@b23f5207b163:/# pwd
/
root@b23f5207b163:/# cd ..
root@b23f5207b163:/# ls
bin   dev  home  media  opt   root  sbin  sys  usr
boot  etc  lib   mnt    proc  run   srv   tmp  var
root@b23f5207b163:/#
```

위 그림과 같이 b23f5207b163 컨테이너가 생성되면서 입력창이 바뀌는 것을 확인할 수 있다 (Ctrl+D로 종료할 수 있다).

다음을 입력하는 것으로 만들어진 컨테이너의 상태를 확인할 수 있다.

```
$ docker ps -a
```

```
pi@hadoop1:~ $ docker ps -a
CONTAINER ID          IMAGE                COMMAND          CREATED
 STATUS                        PORTS            NAMES
b23f5207b163          armv7/armhf-ubuntu   "bash"                  2 hours ago
 Exited (0) 37 seconds ago                 inspiring_stallman
f009bf101fc3          armhf/hello-world    "/hello"                2 hours ago
 Exited (0) 2 hours ago                    unruffled_mayer
9cda06b836d4          hello-world          "/hello"                2 hours ago
 Exited (1) 2 hours ago                    unruffled_poitras
pi@hadoop1:~ $
```

라즈베리파이에서 사용할 수 없는 컨테이너를 삭제하기 위해 다음을 입력한다.

$ docker rm 컨테이너 이름 또는 ID


```
pi@hadoop1:~ $ docker rm unruffled_poitras
unruffled_poitras
pi@hadoop1:~ $ docker ps -a
CONTAINER ID        IMAGE               COMMAND            CREATED
 STATUS                     PORTS                NAMES
b23f5207b163        armv7/armhf-ubuntu  "bash"             2 hours ago
 Exited (0) 41 minutes ago                       inspiring_stallman
f009bf101fc3        armhf/hello-world   "/hello"           2 hours ago
 Exited (0) 2 hours ago                          unruffled_mayer
pi@hadoop1:~ $
```


컨테이너를 삭제해야 이미지를 삭제할 수 있다. 이미지 삭제 명령어는 rmi다. 다음을 입력한다.

$ docker rmi 이미지이름 또는 ID


```
pi@hadoop1:~ $ docker images
REPOSITORY             TAG         IMAGE ID         CREATED
 SIZE
hello-world            latest      48b5124b2768     4 months ago
 1.84kB
armv7/armhf-ubuntu     latest      4d7ccbc584c8     6 months ago
 122MB
armhf/hello-world      latest      d40384c3f861     7 months ago
 1.64kB
pi@hadoop1:~ $ docker rmi 48b5124b2768
Untagged: hello-world:latest
Untagged: hello-world@sha256:c5515758d4c5e1e838e9cd307f6c6a0d620b5e07e6f927b07d0
5f6d12a1ac8d7
Deleted: sha256:48b5124b2768d2b917edcb640435044a97967015485e812545546cbed5cf0233
Deleted: sha256:98c944e98de8d35097100ff70a31083ec57704be0991a92c51700465e4544d08
pi@hadoop1:~ $ docker rmi d40384c3f861
Error response from daemon: conflict: unable to delete d40384c3f861 (must be for
ced) - image is being used by stopped container f009bf101fc3
pi@hadoop1:~ $ ls
```


다른 docker image를 사용하고 싶다면 https://hub.docker.com/에 들어가서 검색하면 된다.
또는 터미널에서 docker search 명령으로 docker hub에 업로드되어 있는 이미지 검색이 가능하다.

$ docker search 이미지이름

```
pi@hadoop1:~ $ docker search ubuntu
NAME                                                    DESCRIPTION
               STARS     OFFICIAL    AUTOMATED
ubuntu                                                  Ubuntu is a Debian-based Linux oper
ating s...     6129      [OK]
rastasheep/ubuntu-sshd                                  Dockerized SSH service, built on to
p of of...     89                    [OK]
ubuntu-upstart                                          Upstart is an event-based replaceme
nt for ...     74        [OK]
ubuntu-debootstrap                                      debootstrap --variant=minbase --com
ponents...     30        [OK]
torusware/speedus-ubuntu                                Always updated official Ubuntu dock
er imag...     28                    [OK]
nuagebec/ubuntu                                         Simple always updated Ubuntu docker
 images...     22                    [OK]
nickistre/ubuntu-lamp                                   LAMP server on Ubuntu
               20                    [OK]
solita/ubuntu-systemd                                   Ubuntu + systemd
               8                     [OK]
nimmis/ubuntu                                           This is a docker images different L
TS vers...     7                     [OK]
darksheer/ubuntu                                        Base Ubuntu Image -- Updated hourly
               3                     [OK]
jordi/ubuntu                                            Ubuntu Base Image
               1                     [OK]
webhippie/ubuntu                                        Docker images for ubuntu
               1                     [OK]
vcatechnology/ubuntu                                    A Ubuntu image that is updated dail
y              1                     [OK]
admiringworm/ubuntu                                     Base ubuntu images based on the off
```

12.4 Docker 웹서버 구축

Docker 컨테이너로는 여러 가지의 애플리케이션을 빠르고 쉽게 운용 및 배포 할 수 있는데 여기서는 웹서버 구축을 해본다.

먼저 웹서버를 구축하기 위해서는 웹서버의 이미지를 도커 허브에서 다운받는다. 그러나 이 실습은 라즈베리파이에서의 환경이기 때문에 라즈베리파이 전용 아파치 이미지를 다음과 같이 명령을 입력하여 다운받는다.

$ docker pull calangoclube/rpi-apache
$ docker images

```
pi@hadoop1: ~ $ docker pull calangoclube/rpi-apache
Using default tag: latest
latest: Pulling from calangoclube/rpi-apache
3f4fe7631720: Pull complete
a3ed95caeb02: Pull complete
b4ad633ffcb9: Pull complete
Digest: sha256: 5a83f2c382e758223ba5092ae15f17d58df7599331fbc3516f6056e1dc5bc2cb
Status: Downloaded newer image for calangoclube/rpi-apache: latest
pi@hadoop1: ~ $ docker images
REPOSITORY              TAG          IMAGE ID        CREATED            SIZE
web1                    latest       37c21293c418    About an hour ago  686MB
ubuntu-nodejs           nodejs       69517ac4ca25    3 hours ago        382MB
hypriot/rpi-mysql       latest       70b9e84ea1ab    4 months ago       201MB
armv7/armhf-ubuntu      latest       4d7ccbc584c8    7 months ago       122MB
ebspace/armhf-apache    latest       a1c4ddd5585d    8 months ago       174MB
armhf/hello-world       latest       d40384c3f861    8 months ago       1.64k
calangoclube/rpi-apache latest       d60ebcccc158    21 months ago      188MB
```

이미지를 다운받고 이미지 확인이 되었으면 다음은 컨테이너를 생성해야 하는데, 그 전에 컨테이너를 계정의 홈 디렉터리에 webserver란 디렉터리를 만들어서 container에 있는 html 폴더와 연결시켜야 한다. 이곳에 index.html이란 파일을 만들고 docker hello world란 내용을 출력할 것이다.

그럼 컨테이너를 생성해보자. 컨테이너 이름은 webserver로 한다(컨테이너의 이름은 마음대로 변경해도 좋다).

~$ mkdir webserver

~$ sudo docker run --name webserver -d -p 8080:80 -v /home/pi/webserver/:/var/www/html calangoclube/rpi-apache

위 명령에서 8080:80 부분은 container의 80번 포트를 호스트 PC의 8080포트와 연결시켜주는 것이다.

```
pi@hadoop1: ~ $ mkdir webserver

pi@hadoop1: ~ $ docker run --name webserver -d -p 8080:80 -v /home/pi/weserver/:/var/www/html calangoclube/rpi-apache
45dd09552db77f2244328b7e263d9713e21c645164c0902bf6e3a57000b08d4c
```

컨테이너가 정상적으로 생성되었는지 확인한다.

~$ docker ps -a

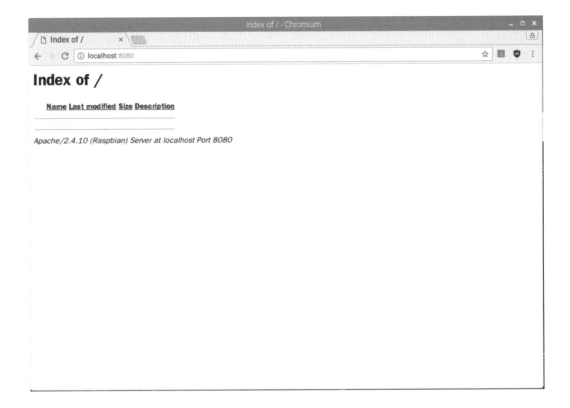

정상적으로 잘 생성된 것을 확인할 수 있다.

컨테이너가 생성되었으면 http://hostpcip:8080으로 들어가본다.

정상적으로 아파치가 작동 중인 컨테이너 웹서버에 접속한 것을 알 수 있다.

CAHPTER 13

슈퍼컴퓨터

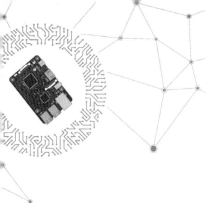

CAHPTER 13

슈퍼컴퓨터

13.1 Master, Slave node 설정

먼저 Master node부터 진행한다. 일반적인 설치 및 설정 후 시작메뉴의 Preferences – Raspberry Pi Configuration을 클릭한다.

다음과 같이 호스트네임을 수정한 뒤 OK 버튼을 누르면 재부팅할 것이라는 알림이 뜨는데 그대로 재부팅을 한다.

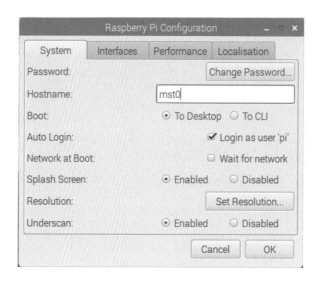

터미널에서 다음을 입력한다.

```
$ sudo apt-get update
$ sudo apt-get upgrade
```

```
pi@mst0:~ $ sudo apt-get update
Get:1 http://mirrordirector.raspbian.org jessie InRelease [14.9 kB]
Get:2 http://mirrordirector.raspbian.org jessie/main armhf Packages [9,535 kB]
Get:3 http://archive.raspberrypi.org jessie InRelease [22.9 kB]
Get:4 http://archive.raspberrypi.org jessie/main armhf Packages [169 kB]
Get:5 http://archive.raspberrypi.org jessie/ui armhf Packages [58.9 kB]
Get:6 http://mirrordirector.raspbian.org jessie/contrib armhf Packages [43.3 kB]
Get:7 http://mirrordirector.raspbian.org jessie/non-free armhf Packages [84.2 kB]
Get:8 http://mirrordirector.raspbian.org jessie/rpi armhf Packages [1,356 B]
100% [2 Packages xz 0 B] [Waiting for headers] [Waiting for headers]
```

```
pi@mst0:~ $ sudo apt-get upgrade
Reading package lists... Done
Building dependency tree
Reading state information... Done
Calculating upgrade... Done
The following packages will be upgraded:
  bind9-host debconf debconf-i18n debconf-utils gtk2-engines-pixbuf
  libbind9-90 libc-ares2 libdns-export100 libdns100 libdvdnav4 libgcrypt20
  libgnutls-deb0-28 libgnutls-openssl27 libgtk2.0-0 libgtk2.0-bin
  libgtk2.0-common libirs-export91 libisc-export95 libisc95 libisccc90
  libisccfg-export90 libisccfg90 liblwres90 libsmbclient libtiff5 libwbclient0
  perl perl-base perl-modules python-gpiozero python3-gpiozero python3-thonny
  rpi-chromium-mods samba-common samba-libs xarchiver
36 upgraded, 0 newly installed, 0 to remove and 0 not upgraded.
Need to get 30.1 MB of archives.
After this operation, 708 kB of additional disk space will be used.
Do you want to continue? [Y/n]
```

업데이트 및 업그레이드가 끝나면 다음을 입력하여 각각 설치한다.

$ sudo apt-get install build-essential

$ sudo apt-get install manpages-dev

$ sudo apt-get install gfortran

$ sudo apt-get install nfs-common

$ sudo apt-get install nfs-kernel-server

$ sudo apt-get install vim

$ sudo apt-get install openmpi-bin

$ sudo apt-get install libopenmpi-dev

$ sudo apt-get install openmpi-doc

$ sudo apt-get install keychain

$ sudo apt-get install nmap

```
pi@mst0:~ $ sudo apt-get install gfortran
Reading package lists... Done
Building dependency tree
Reading state information... Done
The following extra packages will be installed:
  gfortran-4.9 libgfortran-4.9-dev
Suggested packages:
  gfortran-doc gfortran-4.9-doc libgfortran3-dbg
The following NEW packages will be installed:
  gfortran gfortran-4.9 libgfortran-4.9-dev
0 upgraded, 3 newly installed, 0 to remove and 0 not upgraded.
Need to get 4,705 kB of archives.
After this operation, 15.8 MB of additional disk space will be used.
Do you want to continue? [Y/n]
```

```
pi@mst0:~ $ sudo apt-get install vim
Reading package lists... Done
Building dependency tree
Reading state information... Done
The following extra packages will be installed:
  vim-runtime
Suggested packages:
  ctags vim-doc vim-scripts
The following NEW packages will be installed:
  vim vim-runtime
0 upgraded, 2 newly installed, 0 to remove and 0 not upgraded.
Need to get 5,857 kB of archives.
After this operation, 28.2 MB of additional disk space will be used.
Do you want to continue? [Y/n] y
```

```
pi@mst0:~ $ sudo apt-get install nmap
Reading package lists... Done
Building dependency tree
Reading state information... Done
The following extra packages will be installed:
  liblinear1 liblua5.2-0 libpcap0.8 ndiff python-lxml
Suggested packages:
  liblinear-tools liblinear-dev python-lxml-dbg
The following NEW packages will be installed:
  liblinear1 liblua5.2-0 libpcap0.8 ndiff nmap python-lxml
0 upgraded, 6 newly installed, 0 to remove and 0 not upgraded.
Need to get 5,031 kB of archives.
After this operation, 20.9 MB of additional disk space will be used.
Do you want to continue? [Y/n]
```

설치가 완료되면 기본적인 π 코드를 하나 작성 및 실행한다. 다음을 입력한다.

    $ mkdir super

    $ cd super

    $ nano C_PI.c

```
  GNU nano 2.2.6              File: C_PI.c                    Modified

#include <math.h> // math library
#include <stdio.h> // Standard Input/Output library

int main(void)
{
    long num_rects = 300000; // 1000000000;
    long i;
    double x,height,width,area;
    double sum;

    width = 1.0/(double)num_rects; // width of a segment

    sum = 0;
    for(i = 0; i < num_rects; i++)
    {
        x = (i+0.5) * width; // x: distance to center of i(th) segment
        height = 4/(1.0 + x*x);
        sum += height; // sum of individual segment heights
    }

// approximate area of segment (Pi value)

    area = width * sum;

    printf("\n");
    printf(" Calculated Pi = %.16f\n", area);
    printf("          M_Pi = %.16f\n", M_PI);
    printf("Relative error = %.16f\n", fabs(area - M_PI));

    return 0;

}
```

저장한 뒤 다음을 입력한다.

```
$ mpicc C_PI.c -o C_PI
$ time mpiexec C_PI
```

```
pi@mst0:~/super $ nano C_PI.c
pi@mst0:~/super $ mpicc C_PI.c -o C_PI
pi@mst0:~/super $ time mpiexec C_PI

 Calculated Pi = 3.1415926535906125
          M_Pi = 3.1415926535897931
Relative error = 0.0000000000008193

real    0m0.177s
user    0m0.110s
sys     0m0.050s
pi@mst0:~/super $
```

앞에서와 같은 결과가 나온다면 제대로 설정이 된 것이다. 이어서 Slave를 설정한다. slave는 master와 호스트네임을 제외한 나머지를 똑같이 설정하면 된다.

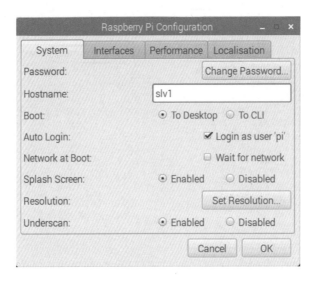

13.2 공통 유저 생성

master와 slave 각각 /etc/hosts 파일을 다음과 같이 수정한다.

```
GNU nano 2.2.6                    File: /etc/hosts                      Modified

127.0.0.1       localhost
::1             localhost ip6-localhost ip6-loopback
ff02::1         ip6-allnodes
ff02::2         ip6-allrouters

#127.0.1.1      slv1

192.168.0.47    mst0
192.168.0.48    slv1
```

master 및 slave에서 다음을 입력하여 alpha유저를 생성한다.

> $ sudo useradd -m -u 1960 alpha
>
> $ sudo passwd alpha
>
> $ su alpha
>
> $ cd ~

```
pi@mst0:~/super $ sudo nano /etc/hosts
pi@mst0:~/super $ sudo useradd -m -u 1960 alpha
pi@mst0:~/super $ sudo passwd alpha
Enter new UNIX password:
Retype new UNIX password:
passwd: password updated successfully
pi@mst0:~/super $ su alpha
Password:
alpha@mst0:/home/pi/super $ cd ~
alpha@mst0:~ $
```

```
pi@slv1:~ $ sudo useradd -m -u 1960 alpha
pi@slv1:~ $ sudo passwd alpha
Enter new UNIX password:
Retype new UNIX password:
passwd: password updated successfully
pi@slv1:~ $ su alpha
Password:
alpha@slv1:/home/pi $ cd ~
alpha@slv1:~ $
```

master에서 key를 생성하기 위하여 다음과 같이 입력한다.

> $ ssh-keygen -t rsa

```
alpha@mst0:~ $ ssh-keygen -t rsa
Generating public/private rsa key pair.
Enter file in which to save the key (/home/alpha/.ssh/id_rsa):
Created directory '/home/alpha/.ssh'.
Enter passphrase (empty for no passphrase):
Enter same passphrase again:
Your identification has been saved in /home/alpha/.ssh/id_rsa.
Your public key has been saved in /home/alpha/.ssh/id_rsa.pub.
The key fingerprint is:
c5:02:d5:c7:8b:78:ab:2f:eb:3c:eb:bf:6a:8a:7f:76 alpha@mst0
The key's randomart image is:
+---[RSA 2048]----+
|    .....        |
|     . .. o      |
|      ..oo .     |
|      .oo .      |
|       S. .      |
|        .        |
|       . .       |
|      . .B E     |
|     ..oBBX+.    |
+-----------------+
alpha@mst0:~ $
```

key를 slave에 복사하기 위하여 다음과 같이 입력한다.

    $ ssh-copy-id slv1

    $ ssh slv1

key가 복사된 후부터 ssh 접속을 하면 패스워드를 묻지 않고 접속되는 것을 확인할 수 있다.

```
alpha@mst0:~ $ ssh-copy-id slv1
The authenticity of host 'slv1 (192.168.0.48)' can't be established.
ECDSA key fingerprint is 66:6b:ba:c8:65:c1:c7:e3:25:7f:cd:93:85:af:26:f7.
Are you sure you want to continue connecting (yes/no)? yes
/usr/bin/ssh-copy-id: INFO: attempting to log in with the new key(s), to filter
out any that are already installed
/usr/bin/ssh-copy-id: INFO: 1 key(s) remain to be installed -- if you are prompt
ed now it is to install the new keys
alpha@slv1's password:

Number of key(s) added: 1

Now try logging into the machine, with:   "ssh 'slv1'"
and check to make sure that only the key(s) you wanted were added.

alpha@mst0:~ $ ssh slv1

The programs included with the Debian GNU/Linux system are free software;
the exact distribution terms for each program are described in the
individual files in /usr/share/doc/*/copyright.
```

```
Debian GNU/Linux comes with ABSOLUTELY NO WARRANTY, to the extent
permitted by applicable law.

SSH is enabled and the default password for the 'pi' user has not been changed.
This is a security risk - please login as the 'pi' user and type 'passwd' to set
 a new password.
alpha@slv1:~ $
```

13.3 Mountable Drive 생성

master에서 pi 유저로 돌아간 후 다음을 입력한다.

$ ls -la /

```
pi@mst0:~ $ ls -la /
total 86
drwxr-xr-x  22 root root  4096 Jul  5 12:01 .
drwxr-xr-x  22 root root  4096 Jul  5 12:01 ..
drwxr-xr-x   2 root root  4096 Jul  5 10:59 bin
drwxr-xr-x   3 root root  2048 Jan  1  1970 boot
-rw-r--r--   1 root root     4 Nov 16  2016 debian-binary
drwxr-xr-x  14 root root  3380 Jul 31 01:51 dev
drwxr-xr-x 112 root root  4096 Jul 31 08:16 etc
drwxr-xr-x   4 root root  4096 Jul 31 08:16 home
drwxr-xr-x  18 root root  4096 Jul  5 10:59 lib
drwx------   2 root root 16384 Jul  5 11:55 lost+found
drwxr-xr-x   3 root root  4096 Jul  5 11:20 man
drwxr-xr-x   2 root root  4096 Jul  5 10:30 media
drwxr-xr-x   2 root root  4096 Jul  5 10:30 mnt
drwxr-xr-x   7 root root  4096 Jul  5 11:42 opt
dr-xr-xr-x 165 root root     0 Jan  1  1970 proc
drwx------   3 root root  4096 Jul  5 11:13 root
drwxr-xr-x  24 root root   860 Jul 31 08:16 run
drwxr-xr-x   2 root root  4096 Jul  5 10:59 sbin
drwxr-xr-x   2 root root  4096 Jul  5 10:30 srv
dr-xr-xr-x  12 root root     0 Jan  1  1970 sys
drwxrwxrwt  15 root root  4096 Jul 31 08:17 tmp
drwxr-xr-x  11 root root  4096 Jul  5 11:18 usr
drwxr-xr-x  11 root root  4096 Jul  5 12:01 var
pi@mst0:~ $
```

다음을 입력하여 beta 폴더를 생성한다.

$ sudo mkdir /beta

```
$ sudo chown alpha:alpha /beta/
$ ls -la /
```

```
pi@mst0:~ $ sudo mkdir /beta
pi@mst0:~ $ sudo chown alpha:alpha /beta/
pi@mst0:~ $ ls -la /
total 90
drwxr-xr-x  23 root  root   4096 Aug  1 00:19 .
drwxr-xr-x  23 root  root   4096 Aug  1 00:19 ..
drwxr-xr-x   2 alpha alpha  4096 Aug  1 00:19 beta
drwxr-xr-x   2 root  root   4096 Jul  5 10:59 bin
drwxr-xr-x   3 root  root   2048 Jan  1  1970 boot
-rw-r--r--   1 root  root      4 Nov 16  2016 debian-binary
drwxr-xr-x  14 root  root   3380 Jul 31 01:51 dev
drwxr-xr-x 112 root  root   4096 Jul 31 08:16 etc
drwxr-xr-x   4 root  root   4096 Jul 31 08:16 home
drwxr-xr-x  18 root  root   4096 Jul  5 10:59 lib
drwx------   2 root  root  16384 Jul  5 11:55 lost+found
drwxr-xr-x   3 root  root   4096 Jul  5 11:20 man
drwxr-xr-x   2 root  root   4096 Jul  5 10:30 media
drwxr-xr-x   2 root  root   4096 Jul  5 10:30 mnt
drwxr-xr-x   7 root  root   4096 Jul  5 11:42 opt
dr-xr-xr-x 164 root  root      0 Jan  1  1970 proc
drwx------   3 root  root   4096 Jul  5 11:13 root
drwxr-xr-x  24 root  root    860 Jul 31 08:16 run
drwxr-xr-x   2 root  root   4096 Jul  5 10:59 sbin
drwxr-xr-x   2 root  root   4096 Jul  5 10:30 srv
dr-xr-xr-x  12 root  root      0 Jul 31 08:29 sys
drwxrwxrwt  15 root  root   4096 Aug  1 00:19 tmp
drwxr-xr-x  11 root  root   4096 Jul  5 11:18 usr
drwxr-xr-x  11 root  root   4096 Jul  5 12:01 var
pi@mst0:~ $
```

rpcbind를 부팅할 때마다 사용하기 위하여 다음과 같이 입력한다.

```
$ sudo rpcbind start
$ sudo update-rc.d rpcbind enable
```

```
pi@mst0:~ $ sudo rpcbind start
pi@mst0:~ $ sudo update-rc.d rpcbind enable
pi@mst0:~ $
```

다른 node가 master의 beta 폴더에 접속할 수 있도록 /etc/exports 파일을 다음과 같이 수정한다.

```
$ sudo nano /etc/exports
```

```
GNU nano 2.2.6              File: /etc/exports                    Modified

# /etc/exports: the access control list for filesystems which may be exported
#               to NFS clients.  See exports(5).
#
# Example for NFSv2 and NFSv3:
# /srv/homes        hostname1(rw,sync,no_subtree_check) hostname2(ro,sync,no_sub$
#
# Example for NFSv4:
# /srv/nfs4         gss/krb5i(rw,sync,fsid=0,crossmnt,no_subtree_check)
# /srv/nfs4/homes   gss/krb5i(rw,sync,no_subtree_check)
#

# beta
/beta 192.168.0.0/24(rw,sync)
```

이어서 nfc-kernel-server를 재시작하기 위해서는 다음과 같이 입력 및 수정한다.

    $ sudo service nfs-kernel-server restart

    $ sudo nano /etc/rc.local


```
GNU nano 2.2.6              File: /etc/rc.local                   Modified

#!/bin/sh -e
#
# rc.local
#
# This script is executed at the end of each multiuser runlevel.
# Make sure that the script will "exit 0" on success or any other
# value on error.
#
# In order to enable or disable this script just change the execution
# bits.
#
# By default this script does nothing.

# Print the IP address
_IP=$(hostname -I) || true
if [ "$_IP" ]; then
  printf "My IP address is %s\n" "$_IP"
fi

sudo service nfs-kernel-server restart

exit 0
```

이제 slave에서 master의 beta 폴더를 마운트할 수 있는지 확인한다. 다음을 입력하여 slave에도
beta 폴더를 생성한다.

$ sudo mkdir /beta

$ sudo chown alpha:alpha /beta

$ ls -la /beta

```
pi@slv1:~ $ sudo mkdir /beta
pi@slv1:~ $ sudo chown alpha:alpha /beta
pi@slv1:~ $ ls -la /beta/
total 8
drwxr-xr-x  2 alpha alpha 4096 Aug  1 01:18 .
drwxr-xr-x 23 root  root  4096 Aug  1 01:18 ..
pi@slv1:~ $
```

master의 beta 폴더를 마운트하기 위하여 다음과 같이 입력한다.

$ sudo mount mst0:/beta /beta

```
pi@slv1:~ $ sudo mount mst0:/beta /beta
pi@slv1:~ $ ls -la /beta/
total 8
drwxr-xr-x  2 alpha alpha 4096 Aug  1 00:19 .
drwxr-xr-x 23 root  root  4096 Aug  1 01:18 ..
pi@slv1:~ $
```

이제 alpha로 접속한 뒤 /beta 폴더에 파일을 하나 생성한다. 다음을 입력한다.

$ su alpha

$ cd /beta

$ nano testfile

```
  GNU nano 2.2.6              File: testfile                    Modified

hello world
```

```
pi@slv1:~ $ su alpha
Password:
alpha@slv1:/home/pi $ cd /beta/
alpha@slv1:/beta $ nano testfile
alpha@slv1:/beta $ ls -al
total 12
drwxr-xr-x  2 alpha alpha 4096 Aug  1 01:26 .
drwxr-xr-x 23 root  root  4096 Aug  1 01:18 ..
-rw-r--r--  1 alpha alpha   13 Aug  1 01:26 testfile
alpha@slv1:/beta $
```

master에서 /beta 폴더를 보면 testfile이 생성된 것을 확인할 수 있다.

```
pi@mst0:~ $ cd /beta/
pi@mst0:/beta $ ls -al
total 12
drwxr-xr-x  2 alpha alpha 4096 Aug  1 01:26 .
drwxr-xr-x 23 root  root  4096 Aug  1 00:19 ..
-rw-r--r--  1 alpha alpha   13 Aug  1 01:26 testfile
pi@mst0:/beta $ cat testfile
hello world

pi@mst0:/beta $
```

이제 mater와 slave를 이용한 작업을 테스트한다. master에서 다음 파일을 작성한다.

```
$ su alpha
$ mkdir test
$ cd test
$ nano call-procs.c
```

```c
#include <math.h> // math library
#include <stdio.h> // standard Input/Output library
#include <mpi.h> //(open)MPI library

int main(int argc, char** argv)
{
    /* MPI Variables */
    int num_processes;
```

```c
    int curr_rank;
    int proc_name_len;
    char proc_name[MPI_MAX_PROCESSOR_NAME];

    /* Initialize MPI */
    MPI_Init (&argc, &argv);

    /* acquire number of processes */
    MPI_Comm_size(MPI_COMM_WORLD, &num_processes);

    /* acquire rank of the current process */
    MPI_Comm_rank(MPI_COMM_WORLD, &curr_rank);

    /* acquire processor name for the current thread */
    MPI_Get_processor_name(proc_name, &proc_name_len);

    /* output rank, no of processes, and process name */
    printf("Calling process %d out of %d on %s\n", curr_rank, num_processes, pro$

    /* clean up, done with MPI */
    MPI_Finalize();

    return 0;
}
```

다음을 입력하여 컴파일 및 실행한다.

```
$ mpicc call-procs.c -o call-procs
$ mpiexec -n 4 call-procs
```

```
alpha@mst0:/beta/test $ mpicc call-procs.c -o call-procs
alpha@mst0:/beta/test $ mpiexec -n 4 call-procs
Calling process 3 out of 4 on mst0
Calling process 0 out of 4 on mst0
Calling process 1 out of 4 on mst0
Calling process 2 out of 4 on mst0
alpha@mst0:/beta/test $
```

이제 slave 프로세스까지 호출할 수 있는지 확인하기 위하여 다음과 같이 입력한다.

$ mpiexec -H mst0,mst0,mst0,mst0,slv1,slv1,slv1,slv1 call-procs

```
alpha@mst0:/beta/test $ mpiexec -H mst0,mst0,mst0,mst0,slv1,slv1,slv1,slv1 call-procs
Calling process 0 out of 8 on mst0
Calling process 1 out of 8 on mst0
Calling process 2 out of 8 on mst0
Calling process 3 out of 8 on mst0
Calling process 7 out of 8 on slv1
Calling process 4 out of 8 on slv1
Calling process 5 out of 8 on slv1
Calling process 6 out of 8 on slv1
alpha@mst0:/beta/test $
```

위와 같이 master slave 둘 다 프로세스를 불러오는 것을 확인할 수 있다. 이제 이를 활용할 프로그램을 작성한다. 다음을 입력한다.

$ nano MPI_08_b.c

```c
#include <mpi.h> // (Open)MPI library
#include <math.h> // math library
#include <stdio.h> // Standard Input/Output library

int main(int argc, char *argv[])
{
    int total_iter;
    int n, rank, length, numprocs, i;
    double pi, width, sum, x, rank_integral;
```

```c
char hostname[MPI_MAX_PROCESSOR_NAME];
MPI_Init(&argc, &argv); // initiates MPI
MPI_Comm_size(MPI_COMM_WORLD, &numprocs); // acquire number of processes
MPI_Comm_rank(MPI_COMM_WORLD, &rank); // acquire current process id
MPI_Get_processor_name(hostname, &length); // acquire hostname

if(rank == 0)
{
    printf("\n");
    printf("##############################################");
    printf("\n\n");
    printf("Master node name: %s\n", hostname);
    printf("\n");
    printf("Enter the number of intervals:\n");
    printf("\n");
    scanf("%d", &n);
    printf("\n");
}

// broadcast to all processes, the number of segments you want

MPI_Bcast(&n, 1, MPI_INT, 0, MPI_COMM_WORLD);

// this loop increments the maximum number of iterations, thus providing
// additional work for testing computational speed of the processors

for(total_iter = 1; total_iter < n; total_iter++)
{
    sum=0.0;
    width = 1.0 / (double)total_iter; //width of a segment
    for(i = rank + 1; i <= total_iter; i += numprocs)
```

```
    {
        x = width * ((double)i - 0.5); // x: distance to center of i(th) segme$
        sum += = 4.0/(1.0 + x*x); // sum of individual segment height for a given
    }
    // approximate area of segment (Pi value) for a given rank
    rank_integral = width * sum;
    // collect and add the partial area (Pi) values from all processes
    MPI_Reduce(&rank_integral,    &pi,    1,    MPI_DOUBLE,    MPI_SUM,    0,
MPI_COMM_WORLD$
    }

    if(rank == 0)
    {
        printf("\n\n");
        printf("*** Number of processes: %d\n",numprocs);
        printf("\n\n");
        printf("Calculated pi = %.30f\n", pi);
        printf("M_PI = %.30f\n", M_PI);
        printf("Relative Error = %.30f\n", fabs(pi-M_PI));
    }

    // clean up, done with MPI
    MPI_Finalize();

    return 0;

}
```

위의 소스를 컴파일 및 실행한다. 다음을 입력한다.

```
$ mpicc MPI_08_b.c -o MPI_08_b
```

$ time mpiexec -H mst0 MPI_08_b

위의 명령어에서 프로세스의 수를 늘려서 테스트한 뒤 결과를 확인한다. 다음을 입력한다.

$ time mpiexec -H mst0,mst0 MPI_08_b

```
alpha@mst0:/beta/test $ time mpiexec -H mst0,mst0 MPI_08_b

###############################################

Master node name: mst0

Enter the number of intervals:

30000


*** Number of processes: 2

Calculated pi = 3.1415926536824039239093905376583
M_PI = 3.1415926535897931159979763468544
Relative Error = 0.0000000000926108079911341908039

real    0m27.096s
user    0m51.010s
sys     0m0.260s
alpha@mst0:/beta/test $
```

$ time mpiexec -H mst0,mst0,mst0 MPI_08_b

```
alpha@mst0:/beta/test $ time mpiexec -H mst0,mst0,mst0 MPI_08_b

###############################################

Master node name: mst0

Enter the number of intervals:

30000


*** Number of processes: 3

Calculated pi = 3.1415926536823919335006394248992
M_PI = 3.1415926535897931159979763468544
Relative Error = 0.0000000000925988175026275956348

real    0m18.056s
user    0m51.950s
sys     0m0.310s
alpha@mst0:/beta/test $
```

$ time mpiexec -H mst0,mst0,mst0,mst0 MPI_08_b

```
alpha@mst0:/beta/test $ time mpiexec -H mst0,mst0,mst0,mst0 MPI_08_b

############################################

Master node name: mst0

Enter the number of intervals:

30000


*** Number of processes: 4

Calculated pi = 3.1415926536823910453222219724767
M_PI = 3.1415926535897931159997963468544
Relative Error = 0.0000000000092597929324256256223

real    0m14.488s
user    0m54.790s
sys     0m0.530s
alpha@mst0:/beta/test $
```

$ time mpiexec -H mst0,mst0,mst0,mst0,slv1 MPI_08_b

```
alpha@mst0:/beta/test $ time mpiexec -H mst0,mst0,mst0,mst0,slv1 MPI_08_b

############################################

Master node name: mst0

Enter the number of intervals:

30000


*** Number of processes: 5

Calculated pi = 3.1415926536823906012330098744704
M_PI = 3.1415926535897931159997963468544
Relative Error = 0.0000000000092597485235046406160

real    0m14.466s
user    0m43.960s
sys     0m7.880s
alpha@mst0:/beta/test $
```

$ time mpiexec -H mst0,mst0,mst0,mst0,slv1,slv1 MPI_08_b

```
alpha@mst0:/beta/test $ time mpiexec -H mst0,mst0,mst0,mst0,slv1,slv1 MPI_08_b

###############################################

Master node name: mst0

Enter the number of intervals:

30000


*** Number of processes: 6

Calculated pi = 3.1415926536823941539466888675205
M_PI = 3.14159265358979311599797634468544
Relative Error = 0.00000000009260103794872520666l

real    0m14.175s
user    0m39.310s
sys     0m11.450s
alpha@mst0:/beta/test $ 
```

$ time mpiexec -H mst0,mst0,mst0,mst0,slv1,slv1,slv1 MPI_08_b

```
alpha@mst0:/beta/test $ time mpiexec -H mst0,mst0,mst0,mst0,slv1,slv1,slv1 MPI_0
8_b

###############################################

Master node name: mst0

Enter the number of intervals:

30000


*** Number of processes: 7

Calculated pi = 3.1415926536823928216790591250l7
M_PI = 3.14159265358979311599797634468544
Relative Error = 0.00000000009259970568109565647 3

real    0m13.745s
user    0m35.730s
sys     0m13.910s
alpha@mst0:/beta/test $ 
```

$ time mpiexec -H mst0,mst0,mst0,mst0,slv1,slv1,slv1,slv1 MPI_08_b

```
alpha@mst0:/beta/test $ time mpiexec -H mst0,mst0,mst0,mst0,slv1,slv1,slv1,slv1
MPI_08_b

#############################################

Master node name: mst0

Enter the number of intervals:

30000


*** Number of processes: 8


Calculated pi = 3.1415926536823937098574788825143
M_PI = 3.1415926535897931159979634688544
Relative Error = 0.0000000000926005938595515356598

real    0m10.654s
user    0m29.850s
sys     0m7.760s
alpha@mst0:/beta/test $
```

점점 작업 완료속도가 빨라지는 것을 확인할 수 있다.

13.4 추가 Slave 생성

slv1이 mst0의 /beta 폴더를 부팅하면서 마운트할 수 있도록 설정한다. 다음을 입력한다.

$ sudo nano /etc/fstab

```
  GNU nano 2.2.6              File: /etc/fstab                    Modified

proc              /proc            proc    defaults           0     0
PARTUUID=65b89e0a-01  /boot        vfat    defaults           0     2
PARTUUID=65b89e0a-02  /            ext4    defaults,noatime   0     1
# a swapfile is not a swap partition, no line here
#   use  dphys-swapfile swap[on|off]  for that

mst0:/beta        /beta            nfs     defaults,rw,exec   0     0
```

저장한 뒤 다음은 /etc/rc.local을 수정한다. 다음을 입력한다.

```
$ sudo nano /etc/rc.local
```

```
  GNU nano 2.2.6              File: /etc/rc.local

#
# By default this script does nothing.

# Print the IP address
_IP=$(hostname -I) || true
if [ "$_IP" ]; then
  printf "My IP address is %s\n" "$_IP"
fi

# Mount "beta" automatically

sleep 30
umount /beta
sleep 30
mount -a

exit 0
```

저장한 뒤 재부팅을 한 후 /beta 폴더를 확인한다. 다음과 같이 마운트가 자동으로 된 것을 확인할 수 있다.

```
pi@slv1:~ $ cd /beta/
pi@slv1:/beta $ ls -al
total 16
drwxr-xr-x  3 alpha alpha 4096 Aug  1 01:43 .
drwxr-xr-x 23 root  root  4096 Aug  1 01:18 ..
drwxr-xr-x  2 alpha alpha 4096 Aug  2 06:22 test
-rw-r--r--  1 alpha alpha   13 Aug  1 01:26 testfile
pi@slv1:/beta $ cd test/
pi@slv1:/beta/test $ ls -al
total 36
drwxr-xr-x 2 alpha alpha 4096 Aug  2 06:22 .
drwxr-xr-x 3 alpha alpha 4096 Aug  1 01:43 ..
-rwxr-xr-x 1 alpha alpha 6952 Aug  2 06:06 call-procs
-rw-r--r-- 1 alpha alpha  846 Aug  1 02:35 call-procs.c
-rwxr-xr-x 1 alpha alpha 9128 Aug  2 06:22 MPI_08_b
-rw-r--r-- 1 alpha alpha 2107 Aug  1 02:29 MPI_08_b.c
pi@slv1:/beta/test $ 
```

master에서 제대로 연산이 되는지 확인한다. 다음을 입력한다.

```
$ time mpiexec –H mst0,slv1 MPI_08_b
```

```
alpha@mst0:/beta/test $ time mpiexec -H mst0,slv1 MPI_08_b

################################################

Master node name: mst0

Enter the number of intervals:

100000


*** Number of processes: 2

Calculated pi = 3.14159265359811623596897334209б
M_PI = 3.14159265358979311599796346В544
Relative Error = 0.00000000000832311997100987З552

real    4m30.333s
user    4m23.190s
sys     .0m3.860s
alpha@mst0:/beta/test $
```

이제 이 slv1를 종료한 뒤 SD 카드를 뽑아서 카드리더기에 연결한 다음 win32 disk imager를 실행한다. 그다음 아래 그림과 같이 Image File에 새로운 파일을 입력 후 Read를 클릭한다.

그럼 slv1의 이미지가 생성되고 이를 이용하여 추가 slave를 생성한다. 새로운 SD 카드를 연결한 다음 Write를 클릭한다.

복사가 완료되면 라즈베리파이에 연결 및 실행한다. 그 뒤 다음과 같이 호스트네임을 수정한
후 재부팅한다.

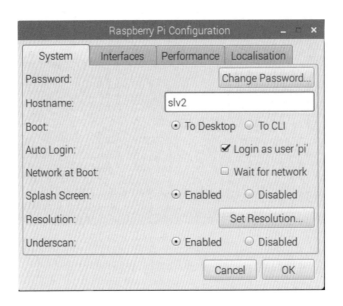

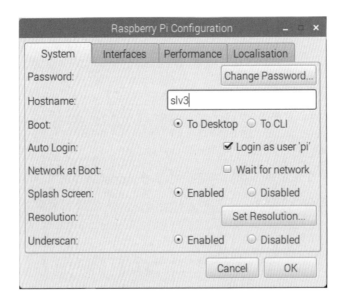

재부팅한 후 mst0, slv1, slv2, slv3, slv4 각각 /etc/hosts 파일을 다음과 같이 수정한다.

```
GNU nano 2.2.6                File: /etc/hosts                        Modified

127.0.0.1         localhost
::1               localhost ip6-localhost ip6-loopback
ff02::1           ip6-allnodes
ff02::2           ip6-allrouters

#127.0.1.1        mst0

192.168.0.47      mst0
192.168.0.48      slv1
192.168.0.49      slv2
192.168.0.50      slv3
```

```
GNU nano 2.2.6                File: /etc/hosts                        Modified

127.0.0.1         localhost
::1               localhost ip6-localhost ip6-loopback
ff02::1           ip6-allnodes
ff02::2           ip6-allrouters

#127.0.1.1        slv1

192.168.0.47      mst0
192.168.0.48      slv1
192.168.0.49      slv2
192.168.0.50      slv3
```

```
GNU nano 2.2.6                File: /etc/hosts                        Modified

127.0.0.1         localhost
::1               localhost ip6-localhost ip6-loopback
ff02::1           ip6-allnodes
ff02::2           ip6-allrouters

#127.0.1.1        slv2

192.168.0.47      mst0
192.168.0.48      slv1
192.168.0.49      slv2
192.168.0.50      slv3
```

```
GNU nano 2.2.6                File: /etc/hosts                        Modified

127.0.0.1         localhost
::1               localhost ip6-localhost ip6-loopback
ff02::1           ip6-allnodes
ff02::2           ip6-allrouters

#127.0.1.1        slv3

192.168.0.47      mst0
192.168.0.48      slv1
192.168.0.49      slv2
192.168.0.50      slv3
```

그다음 master에서 slv2, slv3에 ssh 접속을 한다. 다음을 입력한다.

```
$ su alpha
$ ssh slv2
$ ssh slv3
```

```
alpha@mst0:/home/pi $ ssh slv3
The authenticity of host 'slv3 (192.168.0.50)' can't be established.
ECDSA key fingerprint is 66:6b:ba:c8:65:c1:c7:e3:25:7f:cd:93:85:af:26:f7.
Are you sure you want to continue connecting (yes/no)? yes
Warning: Permanently added 'slv3,192.168.0.50' (ECDSA) to the list of known host
s.

The programs included with the Debian GNU/Linux system are free software;
the exact distribution terms for each program are described in the
individual files in /usr/share/doc/*/copyright.

Debian GNU/Linux comes with ABSOLUTELY NO WARRANTY, to the extent
permitted by applicable law.
Last login: Mon Jul 31 08:25:06 2017 from mst0

SSH is enabled and the default password for the 'pi' user has not been changed.
This is a security risk - please login as the 'pi' user and type 'passwd' to set
 a new password.

alpha@slv3:~ $
```

그럼 위의 그림과 같이 처음 접속하면 나오는 경고 메시지가 나오는데 yes를 입력하면 암호를 묻지 않고 바로 접속되는 것을 확인할 수 있다.

13.5 raspberry pi 3 supercomputing

이제 본격적으로 라즈베리파이의 개수에 따른 성능 차이를 테스트 한다. master에서 다음을 입력한다. (테스트 도중 명령어를 입력해도 반응하지 않는 경우가 있다. 이때는 각 slv에 들어가서 /beta 폴더를 umount한 뒤 다시 mount해야 한다.)

```
$ su alpha
$ cd /beta/test
$ time mpiexec -H mst0,mst0,mst0,mst0 MPI_08_b
```

```
alpha@mst0:/beta/test $ time mpiexec -H mst0,mst0,mst0,mst0 MPI_08_b

###############################################

Master node name: mst0

Enter the number of intervals:

300000


*** Number of processes: 4


Calculated pi = 3.14159265359071282475156294822
M_PI = 3.14159265358979311599796346854
Relative Error = 0.00000000000091970875359947967

real    20m10.976s
user    80m0.320s
sys     0m2.970s
alpha@mst0:/beta/test $
```

$ time mpiexec -H mst0,mst0,mst0,mst0,slv1,slv1,slv1,slv1 MPI_08_b

```
alpha@mst0:/beta/test $ time mpiexec -H mst0,mst0,mst0,mst0,slv1,slv1,slv1,slv1
MPI_08_b

###############################################

Master node name: mst0

Enter the number of intervals:

300000


*** Number of processes: 8


Calculated pi = 3.14159265359071504519761219853
M_PI = 3.14159265358979311599796346854
Relative Error = 0.00000000000092192919964872999

real    10m30.614s
user    40m25.470s
sys     1m13.900s
alpha@mst0:/beta/test $
```

$ time mpiexec -H mst0,mst0,mst0,mst0,slv1,slv1,slv1,slv1,slv2,slv2,slv2,slv2 MPI_08_b

```
alpha@mst0:/beta/test $ time mpiexec -H mst0,mst0,mst0,mst0,slv1,slv1,slv1,slv1,
slv2,slv2,slv2,slv2 MPI_08_b

##############################################
Master node name: mst0

Enter the number of intervals:

300000


*** Number of processes: 12


Calculated pi = 3.1415926535907203742668130399287
M_PI = 3.14159265358979311599997963468544
Relative Error = 0.0000000000000927258270166930743

real    7m43.918s
user    27m58.170s
sys     2m31.600s
alpha@mst0:/beta/test $
```

$ time mpiexec −H mst0,mst0,mst0,mst0,slv1,slv1,slv1,slv1,slv2,slv2,slv2,slv2,slv3,slv3,slv3,slv3 MPI_08_b

```
alpha@mst0:/beta/test $ time mpiexec -H mst0,mst0,mst0,mst0,slv1,slv1,slv1,slv1,
slv2,slv2,slv2,slv2,slv3,slv3,slv3,slv3 MPI_08_b

##############################################
Master node name: mst0

Enter the number of intervals:

300000


*** Number of processes: 16


Calculated pi = 3.1415926535907208183357340249349
M_PI = 3.14159265358979311599997963468544
Relative Error = 0.0000000000000927702359376780805

real    6m3.435s
user    21m10.840s
sys     2m9.790s
alpha@mst0:/beta/test $
```

테스트 결과 연산하는 라즈베리파이의 수가 증가할수록 처리결과 값이 빨라지는 것을 확인할 수 있다.

13.6 bash file 생성

master에서 slave 컨트롤을 간단하게 하기 위해 bash file을 작성한다. 먼저 작성하기 전 다음을 입력하여 master의 pi 유저가 slave의 pi 유저 접속을 암호를 묻지 않고 할 수 있도록 한다.

```
$ ssh-keygen
$ ssh-copy-id slv1
$ ssh-copy-id slv2
$ ssh-copy-id slv3
```

```
pi@mst0:~ $ ssh-keygen
Generating public/private rsa key pair.
Enter file in which to save the key (/home/pi/.ssh/id_rsa):
Enter passphrase (empty for no passphrase):
Enter same passphrase again:
Your identification has been saved in /home/pi/.ssh/id_rsa.
Your public key has been saved in /home/pi/.ssh/id_rsa.pub.
The key fingerprint is:
3a:f2:b1:c1:dc:9f:94:70:85:1e:98:a0:1d:57:d1:76 pi@mst0
The key's randomart image is:
+---[RSA 2048]----+
|      o ..oo     |
|     o + o .o E  |
|    . . o o...   |
|         . o     |
|        S o      |
|     o o o .     |
|    . B . o      |
|     o = o .     |
|      o   o      |
+-----------------+
pi@mst0:~ $ ssh-copy-id slv1
/usr/bin/ssh-copy-id: INFO: attempting to log in with the new key(s), to filter
out any that are already installed
/usr/bin/ssh-copy-id: INFO: 1 key(s) remain to be installed -- if you are prompt
ed now it is to install the new keys
pi@slv1's password:

Number of key(s) added: 1

Now try logging into the machine, with:   "ssh 'slv1'"
and check to make sure that only the key(s) you wanted were added.
```

이제 다양한 bash file을 작성해본다. 다음을 입력한다.

```
$ nano update.sh
```

$ chmod 744 update.sh

```
  GNU nano 2.2.6              File: update.sh                      Modified
#!/bin/bash

ssh slv1 'sudo apt-get update'
ssh slv2 'sudo apt-get update'
ssh slv3 'sudo apt-get update'
```

$ nano upgrade.sh

$ chmod 744 upgrade.sh

```
  GNU nano 2.2.6              File: upgrade.sh                     Modified
#!/bin/bash

ssh slv1 'sudo apt-get upgrade'            .
ssh slv2 'sudo apt-get upgrade'
ssh slv3 'sudo apt-get upgrade'
```

$ nano shutdown.sh

$ chmod 744 upgrade.sh

```
  GNU nano 2.2.6              File: shutdown.sh                    Modified
#!/bin/bash

ssh slv1 'sudo shutdown -h now'
ssh slv2 'sudo shutdown -h now'
ssh slv3 'sudo shutdown -h now'
```

$ nano reboot.sh

$ chmod 744 upgrade.sh

```
  GNU nano 2.2.6                    File: reboot.sh                    Modified

#!/bin/bash

ssh slv1 'sudo reboot'
ssh slv2 'sudo reboot'
ssh slv3 'sudo reboot'
```

이를 다음을 입력하는 것으로 실행할 수 있다.

$ ./update.sh

$ ./upgrade.sh

$ ./shutdown.sh

$ ./reboot.sh

```
pi@mst0:~ $ ./reboot.sh
Connection to slv1 closed by remote host.
Connection to slv2 closed by remote host.
Connection to slv3 closed by remote host.
pi@mst0:~ $
```

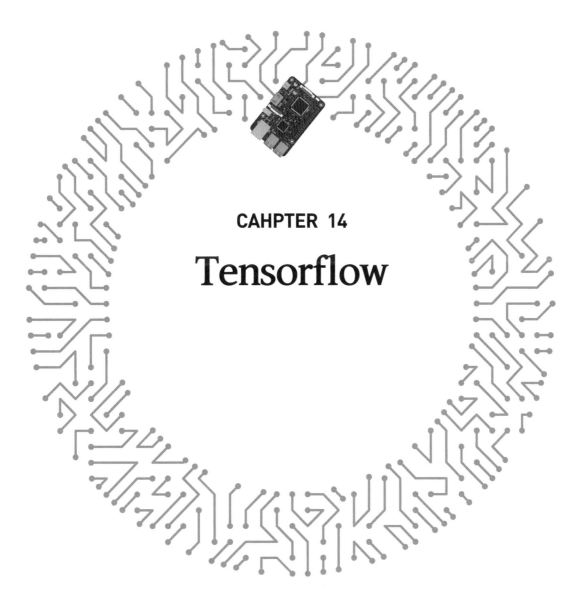

CAHPTER 14

Tensorflow

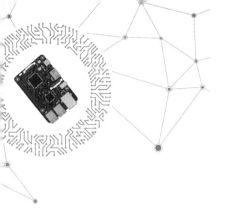

CAHPTER 14

Tensorflow

다음과 같이 Raspberry pi 3의 경우 Python 3.4 버전이 설치가 자동으로 되어 있다. 하지만 Tensorflow 라이브러리가 설치되어 있지 않아 다음과 같이 셀 창에 Tensorflow를 import하면 모듈이 없다는 에러 명령어가 나타난다.

Python 자동설치 – Raspberry pi 3

14.1 Tensorflow 설치

Tensorflow의 설치를 위하여 다음을 입력해서 설치파일을 다운로드한다.

$ wget https://github.com/samjabrahams/tensorflow-on-raspberry-pi/releases/download/v1.1.0/tensorflow-1.1.0-cp34-cp34m-linux_armv7l.whl

```
pi@raspberrypi:~ $ wget https://github.com/samjabrahams/tensorflow-on-raspberry-
pi/releases/download/v1.1.0/tensorflow-1.1.0-cp34-cp34m-linux_armv7l.whl
--2017-06-29 00:15:02--  https://github.com/samjabrahams/tensorflow-on-raspberry
-pi/releases/download/v1.1.0/tensorflow-1.1.0-cp34-cp34m-linux_armv7l.whl
Resolving github.com (github.com)... 192.30.255.112, 192.30.255.113
Connecting to github.com (github.com)|192.30.255.112|:443... connected.
HTTP request sent, awaiting response... 302 Found
Location: https://github-production-release-asset-2e65be.s3.amazonaws.com/537170
60/cae971ae-2d9c-11e7-8c3e-f264b3c40935?X-Amz-Algorithm=AWS4-HMAC-SHA256&X-Amz-C
redential=AKIAIWNJYAX4CSVEH53A%2F20170629%2Fus-east-1%2Fs3%2Faws4_request&X-Amz-
Date=20170629T001525Z&X-Amz-Expires=300&X-Amz-Signature=0eac94e889ed5392bf9c770f
2384862836f352ec14d8d1b32dce35ef05f29cbb&X-Amz-SignedHeaders=host&actor_id=0&res
ponse-content-disposition=attachment%3B%20filename%3Dtensorflow-1.1.0-cp34-cp34m
-linux_armv7l.whl&response-content-type=application%2Foctet-stream [following]
--2017-06-29 00:15:03--  https://github-production-release-asset-2e65be.s3.amazo
naws.com/53717060/cae971ae-2d9c-11e7-8c3e-f264b3c40935?X-Amz-Algorithm=AWS4-HMAC
-SHA256&X-Amz-Credential=AKIAIWNJYAX4CSVEH53A%2F20170629%2Fus-east-1%2Fs3%2Faws4
_request&X-Amz-Date=20170629T001525Z&X-Amz-Expires=300&X-Amz-Signature=0eac94e88
9ed5392bf9c770f2384862836f352ec14d8d1b32dce35ef05f29cbb&X-Amz-SignedHeaders=host
```

Tensorflow 설치파일 다운로드 – Raspberry pi 3

텐서플로우 import 시 에러를 방지하기 위해서 mock 모듈을 삭제한 후 다시 설치한다.

$ sudo pip3 uninstall mock
$ sudo pip3 install mock

```
pi@raspberrypi:~ $ sudo pip3 uninstall mock
Cannot uninstall requirement mock, not installed
Storing debug log for failure in /root/.pip/pip.log
pi@raspberrypi:~ $ sudo pip3 install mock
Downloading/unpacking mock
  Downloading mock-2.0.0-py2.py3-none-any.whl (56kB): 56kB downloaded
Downloading/unpacking pbr>=0.11 (from mock)
  Downloading pbr-3.1.1-py2.py3-none-any.whl (99kB): 99kB downloaded
Downloading/unpacking six>=1.9 (from mock)
  Downloading six-1.10.0-py2.py3-none-any.whl
Installing collected packages: mock, pbr, six
  Found existing installation: six 1.8.0
    Not uninstalling six at /usr/lib/python3/dist-packages, owned by OS
Successfully installed mock pbr six
Cleaning up...
```

mock 설치 – Raspberry pi 3

그리고 위에서 다운받았던 설치파일로 tensorflow의 설치를 진행하는 데 꽤 오래 걸린다는 점을 유의하도록 한다.

$ sudo pip3 install tensorflow-1.1.0-cp34-cp34m-linux_armv7l.whl

```
pi@raspberrypi:~ $ sudo pip3 install tensorflow-1.1.0-cp34-cp34m-linux_armv7l.wh
l
Unpacking ./tensorflow-1.1.0-cp34-cp34m-linux_armv7l.whl
Downloading/unpacking six>=1.10.0 (from tensorflow==1.1.0)
  Downloading six-1.10.0-py2.py3-none-any.whl
Downloading/unpacking protobuf>=3.2.0 (from tensorflow==1.1.0)
  Downloading protobuf-3.3.0.tar.gz (271kB): 271kB downloaded
  Running setup.py (path:/tmp/pip-build-72mftkb2/protobuf/setup.py) egg_info for
 package protobuf
```

Tensorflow 설치 – Raspberry pi 3

이제 Python을 실행시켜서 쉘에서 tensorflow를 import하니 다음 그림과 같이 에러가 나타나지 않았다.

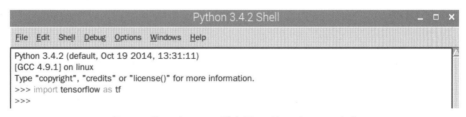

Tensorflow import 테스트 – Raspberry pi 3

14.2 Tensorflow 테스트

미리 준비한 예제 파일로 이제 테스트를 진행할 예정이다. 먼저 helloworld.py 파일을 연 후 F5 를 눌러 파일을 실행시켜보면 다음과 같이 Shell 창이 열리면서 helloworld.py에서 입력했던 문구 가 출력된다.

- helloworld.py

```
from __future__ import print_function

import tensorflow as tf

hello = tf.constant('Hello, TensorFlow of Linux!!!')

sess = tf.Session()

print(sess.run(hello))
```

문구 출력 테스트 - Raspberry pi 3

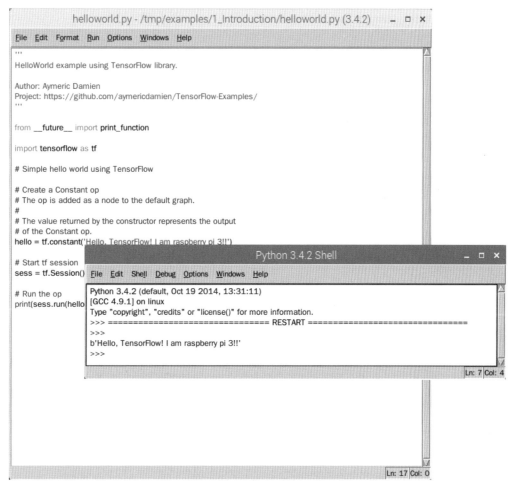

문구 출력 테스트 – Raspberry pi 3

basic_operations.py 파일을 열고 Tensorflow로 덧셈과 곱셈을 구하는 방법을 테스트 해보도록 한다. 다음과 같은 코드를 작성하고 F5를 누르면 다음과 같은 쉘창이 Run되면서 덧셈과 곱셈을 구한 값이 나타난다.

- basic_operations.py

```
from __future__ import print_function

import tensorflow as tf

a = tf.constant(23)
b = tf.constant(7)

with tf.Session() as sess:
    print("a=23, b=7")
    print("Addition with constants: %i" % sess.run(a+b))
    print("Multiplication with constants: %i" % sess.run(a*b))
```

연산 출력코드 – Linux

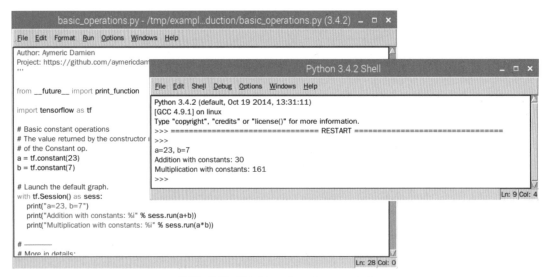

연산 출력 테스트 – Raspberry pi 3

Raspberry pi 3에서 무당벌레, 선글라스, 활, 낙타 등을 얼마나 인식하는지 확인하기 위해 imagenet_example.py를 실행하였다.

무당벌레는 무당벌레로 판단할 확률이 96%로 나왔고, 선글라스는 83%, 활은 확률이 84%가 나왔으며, 마지막으로 낙타는 95%로 낙타임을 판단하였다.

이러한 정보들은 주기적인 학습된 데이터 inception-2015-12-05.tgz 파일을 기반으로 테스트하였다.

- imagenet_example.py

```
# -*- coding: utf-8 -*-
# Inception-v3 모델을 이용한 Image Classification

# 절대 임포트 설정
from __future__ import absolute_import
from __future__ import division
from __future__ import print_function

# 필요한 라이브러리들을 임포트
import os.path
import re
import sys
import tarfile

import numpy as np
from six.moves import urllib
import tensorflow as tf

FLAGS = tf.app.flags.FLAGS

# classify_image_graph_def.pb:
#    GraphDef protocol buffer의 이진 표현
# imagenet_synset_to_human_label_map.txt:
#    synset ID를 인간이 읽을수 있는 문자로 매핑
# imagenet_2012_challenge_label_map_proto.pbtxt:
#    protocol buffer의 문자 표현을 synset ID의 레이블로 매핑
```

```python
# Inception-v3 모델을 다운로드 받을 경로를 설정
tf.app.flags.DEFINE_string(
    'model_dir', '/tmp/imagenet',
    """Path to classify_image_graph_def.pb, """
    """imagenet_synset_to_human_label_map.txt, and """
    """imagenet_2012_challenge_label_map_proto.pbtxt.""")
# 읽을 이미지 파일의 경로를 설정
tf.app.flags.DEFINE_string('image_file', '',
                            """Absolute path to image file.""")
# 이미지의 추론결과를 몇개까지 표시할 것인지 설정
tf.app.flags.DEFINE_integer('num_top_predictions', 5,
                            """Display this many predictions.""")


# Inception-v3 모델을 다운로드할 URL 주소
DATA_URL                                                                      =
'http://download.tensorflow.org/models/image/imagenet/inception-2015-12-05.tgz'


# 정수 형태의 node ID를 인간이 이해할 수 있는 레이블로 변환
class NodeLookup(object):

  def __init__(self,
               label_lookup_path=None,
               uid_lookup_path=None):
    if not label_lookup_path:
      label_lookup_path = os.path.join(
          FLAGS.model_dir, 'imagenet_2012_challenge_label_map_proto.pbtxt')
    if not uid_lookup_path:
      uid_lookup_path = os.path.join(
          FLAGS.model_dir, 'imagenet_synset_to_human_label_map.txt')
```

```python
    self.node_lookup = self.load(label_lookup_path, uid_lookup_path)

def load(self, label_lookup_path, uid_lookup_path):
  """각각의 softmax node에 대해 인간이 읽을 수 있는 영어 단어를 로드 함.

  Args:
    label_lookup_path: 정수 node ID에 대한 문자 UID.
    uid_lookup_path: 인간이 읽을 수 있는 문자에 대한 문자 UID.

  Returns:
    정수 node ID로부터 인간이 읽을 수 있는 문자에 대한 dict.
  """
  if not tf.gfile.Exists(uid_lookup_path):
    tf.logging.fatal('File does not exist %s', uid_lookup_path)
  if not tf.gfile.Exists(label_lookup_path):
    tf.logging.fatal('File does not exist %s', label_lookup_path)

  # 문자 UID로부터 인간이 읽을 수 있는 문자로의 맵핑을 로드함.
  proto_as_ascii_lines = tf.gfile.GFile(uid_lookup_path).readlines()
  uid_to_human = {}
  p = re.compile(r'[n\d]*[ \S,]*')
  for line in proto_as_ascii_lines:
    parsed_items = p.findall(line)
    uid = parsed_items[0]
    human_string = parsed_items[2]
    uid_to_human[uid] = human_string

  # 문자 UID로부터 정수 node ID에 대한 맵핑을 로드함.
  node_id_to_uid = {}
  proto_as_ascii = tf.gfile.GFile(label_lookup_path).readlines()
```

```python
  for line in proto_as_ascii:
    if line.startswith('  target_class:'):
      target_class = int(line.split(': ')[1])
    if line.startswith('  target_class_string:'):
      target_class_string = line.split(': ')[1]
      node_id_to_uid[target_class] = target_class_string[1:-2]

  # 마지막으로 정수 node ID로부터 인간이 읽을 수 있는 문자로의 맵핑을 로드함.
  node_id_to_name = {}
  for key, val in node_id_to_uid.items():
    if val not in uid_to_human:
      tf.logging.fatal('Failed to locate: %s', val)
    name = uid_to_human[val]
    node_id_to_name[key] = name

  return node_id_to_name

  def id_to_string(self, node_id):
    if node_id not in self.node_lookup:
      return ''
    return self.node_lookup[node_id]


def create_graph():
  """저장된 GraphDef 파일로부터 그래프를 생성하고 저장된 값을 리턴함."""
  # Creates graph from saved graph_def.pb.
  with tf.gfile.FastGFile(os.path.join(
      FLAGS.model_dir, 'classify_image_graph_def.pb'), 'rb') as f:
    graph_def = tf.GraphDef()
    graph_def.ParseFromString(f.read())
```

```python
    _ = tf.import_graph_def(graph_def, name='')


def run_inference_on_image(image):
    """이미지에 대한 추론을 실행

    Args:
      image: 이미지 파일 이름.

    Returns:
      없음(Nothing)
    """
    if not tf.gfile.Exists(image):
        tf.logging.fatal('File does not exist %s', image)
    image_data = tf.gfile.FastGFile(image, 'rb').read()

    # 저장된 GraphDef로부터 그래프 생성
    create_graph()

    with tf.Session() as sess:
        # 몇가지 유용한 텐서들:
        # 'softmax:0': 1000개의 레이블에 대한 정규화된 예측결과값(normalized prediction)을 포
함하고 있는 텐서
        # 'pool_3:0': 2048개의 이미지에 대한 float 묘사를 포함하고 있는 next-to-last layer를
포함하고 있는 텐서
        # 'DecodeJpeg/contents:0': 제공된 이미지의 JPEG 인코딩 문자를 포함하고 있는 텐서

        # image_data를 인풋으로 graph에 집어넣고 softmax tesnor를 실행한다.
        softmax_tensor = sess.graph.get_tensor_by_name('softmax:0')
        predictions = sess.run(softmax_tensor,
```

```python
                        {'DecodeJpeg/contents:0': image_data})
    predictions = np.squeeze(predictions)


    # node ID --> 영어 단어 lookup을 생성한다.
    node_lookup = NodeLookup()


    top_k = predictions.argsort()[-FLAGS.num_top_predictions:][::-1]
    for node_id in top_k:
      human_string = node_lookup.id_to_string(node_id)
      score = predictions[node_id]
      print('%s (score = %.5f)' % (human_string, score))



def maybe_download_and_extract():
  """Download and extract model tar file."""
  dest_directory = FLAGS.model_dir
  if not os.path.exists(dest_directory):
    os.makedirs(dest_directory)
  filename = DATA_URL.split('/')[-1]
  filepath = os.path.join(dest_directory, filename)
  # added by jh
  print("filepath: ")
  print(filepath)
  if not os.path.exists(filepath):
    def _progress(count, block_size, total_size):
      sys.stdout.write('\r>> Downloading %s %.1f%%' % (
          filename, float(count * block_size) / float(total_size) * 100.0))
      sys.stdout.flush()
    filepath, _ = urllib.request.urlretrieve(DATA_URL, filepath, _progress)
    print()
```

```
        statinfo = os.stat(filepath)
        print('Succesfully downloaded', filename, statinfo.st_size, 'bytes.')
    tarfile.open(filepath, 'r:gz').extractall(dest_directory)


# def main(argv = None):


def main(argv = None):
    # Inception-v3 모델을 다운로드하고 압축을 푼다.
    maybe_download_and_extract()
    # 인풋으로 입력할 이미지를 설정한다.
    #image = (FLAGS.image_file if FLAGS.image_file else
    #        os.path.join(FLAGS.model_dir, 'cropped_panda.jpg'))
    # 고양이 이미지에 대해 prediction
    image = (FLAGS.image_file if FLAGS.image_file else
            os.path.join(FLAGS.model_dir, 'ladybug.jpg'))
    # 인풋으로 입력되는 이미지에 대한 추론을 실행한다.
    run_inference_on_image(image)


if __name__ == '__main__':
    tf.app.run()
```

인식능력 테스트 소스 - Raspberry pi 3

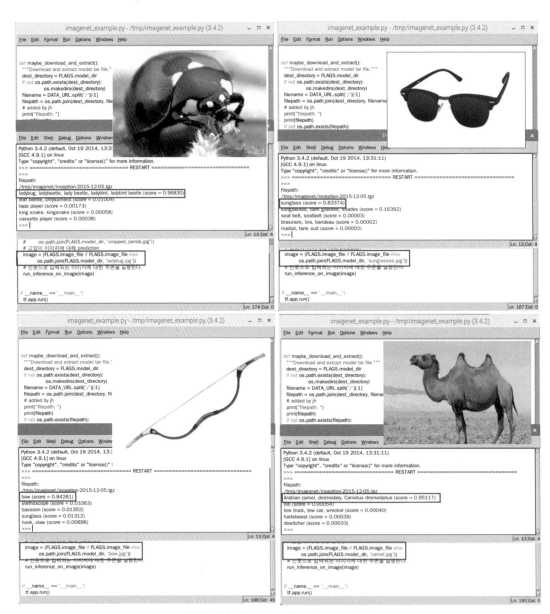

인식능력 테스트 — Raspberry pi 3

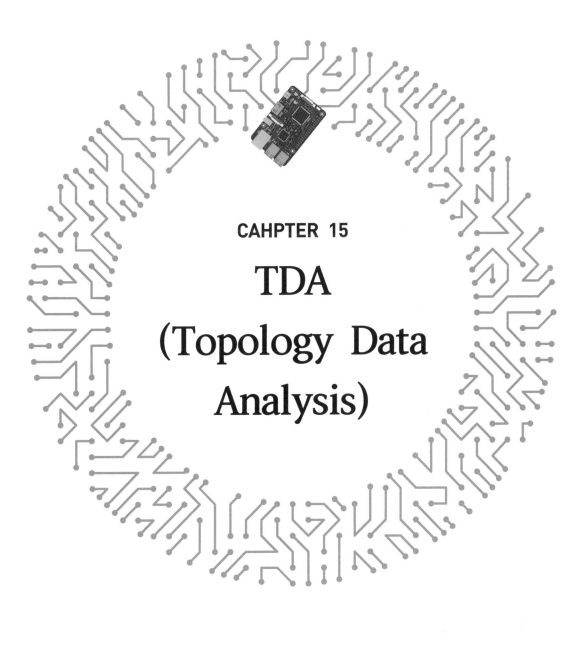

CAHPTER 15

TDA
(Topology Data
Analysis)

CAHPTER 15

TDA(Topology Data Analysis)

15.1 Python Mapper

Mapper 알고리즘은 Gurjeet Singh, Facundo Mémoli 및 Gunnar Carlsson이 고안한 위상 데이터 분석 방법이다. Mapper 알고리즘만으로는 완전한 데이터 분석 도구 자체를 구성하지는 않지만 (최소한으로) 필터 기능, Mapper 알고리즘 자체 및 결과 시각화를 포함하는 프로세싱 체인의 핵심 부분이다.

Python Mapper는 Daniel Müllner와 Aravindakshan Babu에 의하여 쓰여진 이러한 toolchain의 realization이다. 이것은 오픈소스 소프트웨어이며 GNU GPLv3 라이센스로 배포된다.

Gurjeet Singh, Gunnar Carlsson, Harlan Sexton이 설립한 Ayasdi라는 회사와 회사 주요 제품인 Ayasdi Iris 소프트웨어는 핵심으로 Mapper 알고리즘을 가지고 있다. Ayasdi는 또한 academic trial licenses를 발급한다.

Ayasdi만큼 Mapper 알고리즘의 상업적 사용을 세련되고 성숙한 제품으로 다루는 Python Mapper의 작성자는 과학 공동체에 완전하고 확장 가능하며 빠른 toolchain을 제공하기 위해 노력한다. 오픈소스이기 때문에 새로운 아이디어를 가진 사람이라면 누구나 확장하고 수정할 수 있다. Python Mapper 소프트웨어는 그래픽 사용자 인터페이스를 제공하기 때문에 비전문가가 쉽게 접근할 수 있으며 초보자와 전문가 모두를 위한 워크플로우 속도를 높일 수 있다.

Mapper 알고리즘에 대한 아이디어를 얻으려면 Gunnar Carlsson의 논문 "Topology and Data"와 원래 Mapper 논문을 추천한다.

15.2 Python Mapper 설치

터미널에서 다음을 입력하여 설치한다.

$ sudo apt-get install python-numpy python-scipy python-matplotlib python-wxtools python-opengl python-pip graphviz libboost-all-dev

```
libboost-program-options1.55-dev libboost-python-dev libboost-python1.55-dev
libboost-python1.55.0 libboost-random-dev libboost-random1.55-dev
libboost-random1.55.0 libboost-regex-dev libboost-regex1.55-dev
libboost-serialization-dev libboost-serialization1.55-dev
libboost-serialization1.55.0 libboost-signals-dev libboost-signals1.55-dev
libboost-signals1.55.0 libboost-system-dev libboost-system1.55-dev
libboost-test-dev libboost-test1.55-dev libboost-test1.55.0
libboost-thread-dev libboost-thread1.55-dev libboost-timer-dev
libboost-timer1.55-dev libboost-timer1.55.0 libboost-tools-dev
libboost-wave-dev libboost-wave1.55-dev libboost-wave1.55.0 libboost1.55-dev
libboost1.55-tools-dev libcdt5 libcgraph6 libcr0 libglade2-0 libgvc6
libgvpr2 libhwloc-dev libhwloc-plugins libhwloc5 libibverbs-dev libibverbs1
libicu-dev libjs-jquery-ui libltdl-dev libopenmpi-dev libopenmpi1.6
libpathplan4 libpython-dev libpython2.7-dev libsctp1 libtool libwxbase3.0-0
libwxgtk3.0-0 libxdot4 lksctp-tools mpi-default-bin mpi-default-dev
ocl-icd-libopencl1 openmpi-bin openmpi-common python-dateutil
python-decorator python-dev python-glade2 python-imaging python-matplotlib
python-matplotlib-data python-mock python-nose python-opengl
python-pyparsing python-scipy python-tz python-wxgtk3.0 python-wxtools
python-wxversion python2.7-dev
0 upgraded, 126 newly installed, 0 to remove and 2 not upgraded.
Need to get 68.8 MB of archives.
After this operation, 329 MB of additional disk space will be used.
Do you want to continue? [Y/n]
```

$ pip install fastcluster --user

```
    arm-linux-gnueabihf-gcc: numpy/random/mtrand/distributions.c
    arm-linux-gnueabihf-gcc: numpy/random/mtrand/randomkit.c
    arm-linux-gnueabihf-gcc: numpy/random/mtrand/initarray.c
    arm-linux-gnueabihf-gcc -pthread -shared -Wl,-O1 -Wl,-Bsymbolic-functions -W
l,-z,relro -fno-strict-aliasing -DNDEBUG -g -fwrapv -O2 -Wall -Wstrict-prototype
s -D_FORTIFY_SOURCE=2 -g -fstack-protector-strong -Wformat -Werror=format-securi
ty -Wl,-z,relro -D_FORTIFY_SOURCE=2 -g -fstack-protector-strong -Wformat -Werror
=format-security build/temp.linux-armv7l-2.7/numpy/random/mtrand/mtrand.o build/
temp.linux-armv7l-2.7/numpy/random/mtrand/randomkit.o build/temp.linux-armv7l-2.
7/numpy/random/mtrand/initarray.o build/temp.linux-armv7l-2.7/numpy/random/mtran
d/distributions.o -Lbuild/temp.linux-armv7l-2.7 -o build/lib.linux-armv7l-2.7/nu
mpy/random/mtrand.so
    Creating build/scripts.linux-armv7l-2.7/f2py
      adding 'build/scripts.linux-armv7l-2.7/f2py' to scripts
    changing mode of build/scripts.linux-armv7l-2.7/f2py from 644 to 755

    warning: no previously-included files matching '*.pyo' found anywhere in dis
tribution
    warning: no previously-included files matching '*.pyd' found anywhere in dis
tribution
    changing mode of /home/pi/.local/bin/f2py to 755
Successfully installed fastcluster numpy
Cleaning up...
pi@raspberrypi:~ $
```

$ pip install mapper --user

```
pi@raspberrypi:~ $ pip install mapper --user
Downloading/unpacking mapper
  Downloading mapper-0.1.17.tar.gz (3.0MB): 3.0MB downloaded
  Running setup.py (path:/tmp/pip-build-s6kdqw/mapper/setup.py) egg_info for pac
kage mapper
    Version: 0.1.17

    no previously-included directories found matching 'doc/build'
Installing collected packages: mapper
  Running setup.py install for mapper
    Version: 0.1.17
    changing mode of build/scripts-2.7/MapperGUI.py from 644 to 755

    no previously-included directories found matching 'doc/build'
    changing mode of /home/pi/.local/bin/MapperGUI.py to 755
Successfully installed mapper
Cleaning up...
pi@raspberrypi:~ $
```

$ pip install cmappertools —user

```
or package cmappertools
    Version: 1.0.24

Installing collected packages: cmappertools
  Running setup.py install for cmappertools
    Version: 1.0.24
    building 'cmappertools' extension
    arm-linux-gnueabihf-gcc -pthread -DNDEBUG -g -fwrapv -O2 -Wall -Wstrict-prot
otypes -fno-strict-aliasing -D_FORTIFY_SOURCE=2 -g -fstack-protector-strong -Wfo
rmat -Werror=format-security -fPIC -I/home/pi/.local/lib/python2.7/site-packages
/numpy/core/include -I/usr/include/python2.7 -c cmappertools.cpp -o build/temp.l
inux-armv7l-2.7/cmappertools.o
    cc1plus: warning: command line option '-Wstrict-prototypes' is valid for C/O
bjC but not for C++
    c++ -pthread -shared -Wl,-O1 -Wl,-Bsymbolic-functions -Wl,-z,relro -fno-stri
ct-aliasing -DNDEBUG -g -fwrapv -O2 -Wall -Wstrict-prototypes -D_FORTIFY_SOURCE=
2 -g -fstack-protector-strong -Wformat -Werror=format-security -Wl,-z,relro -D_F
ORTIFY_SOURCE=2 -g -fstack-protector-strong -Wformat -Werror=format-security bui
ld/temp.linux-armv7l-2.7/cmappertools.o -lboost_thread -lboost_chrono -o build/l
ib.linux-armv7l-2.7/cmappertools.so

Successfully installed cmappertools
Cleaning up...
pi@raspberrypi:~ $
```

설치가 끝나면 Mapper GUI가 ~/.local/bin 폴더에 위치해 있는 것을 확인할 수 있다. 이를 쉽게 사용하기 위해 다음을 입력하여 설정한다.

```
pi@raspberrypi:~ $ ls -al ~/.local/bin/
total 212
drwxr-xr-x 2 pi pi   4096 Jul 18 04:17 .
drwxr-xr-x 5 pi pi   4096 Jul 18 01:51 ..
-rwxr-xr-x 1 pi pi    757 Jul 18 01:51 f2py
-rwxr-xr-x 1 pi pi 204130 Jul 18 04:17 MapperGUI.py
pi@raspberrypi:~ $
```

```
$ nano ~/.bashrc

# set PATH so that it includes user's private bin if it exists
if [ -d "$HOME/.local/bin" ] ; then
    PATH="${PATH+$PATH:}$HOME/.local/bin"
fi
```

```
  GNU nano 2.2.6              File: /home/pi/.bashrc                    Modified

# enable programmable completion features (you don't need to enable
# this, if it's already enabled in /etc/bash.bashrc and /etc/profile
# sources /etc/bash.bashrc).
if ! shopt -oq posix; then
  if [ -f /usr/share/bash-completion/bash_completion ]; then
    . /usr/share/bash-completion/bash_completion
  elif [ -f /etc/bash_completion ]; then
    . /etc/bash_completion
  fi
fi

# set PATH so that it includes user's private bin if it exists
if [ -d "$HOME/.local/bin" ] ; then
    PATH="${PATH+$PATH:}$HOME/.local/bin"
fi
```

저장하면 모든 설정이 완료된 것이다. Reboot한 후 다음을 입력하여 실행한다(데스크탑 환경
에서 실행해야 한다).

    $ MapperGUI.py

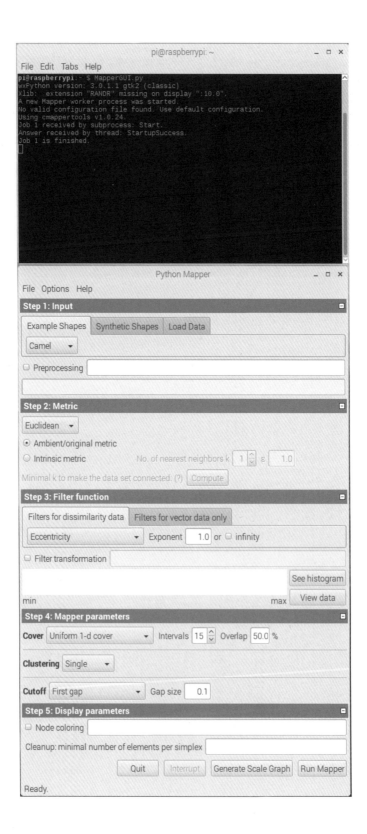

앞의 메뉴 중 See histogram 및 View data를 눌러본다. 다음과 같이 데이터를 확인할 수 있다.

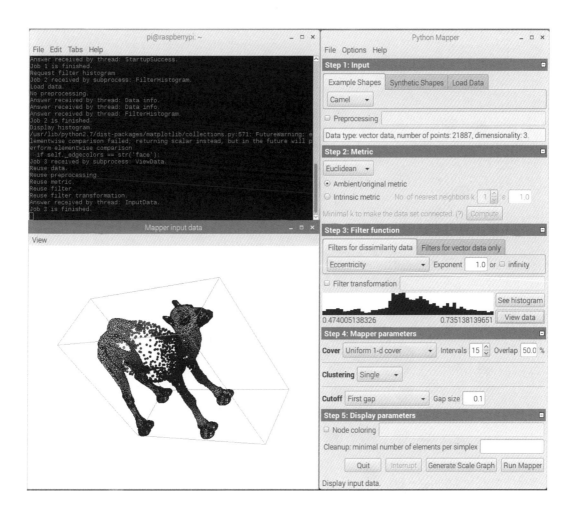

15.3 Python Mapper 테스트

기본 값 상태에서 Run Mapper를 누른다. 그럼 다음 그림과 같이 mapper output이 나타나는 것을 확인할 수 있다.

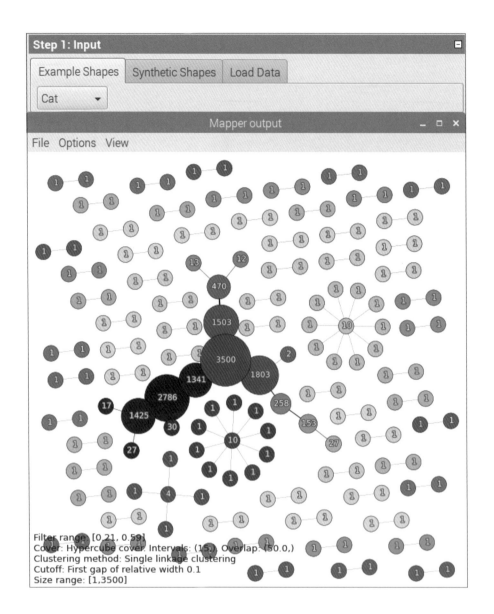

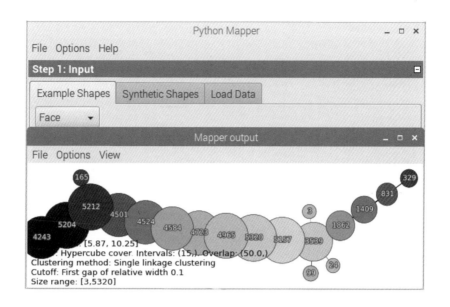

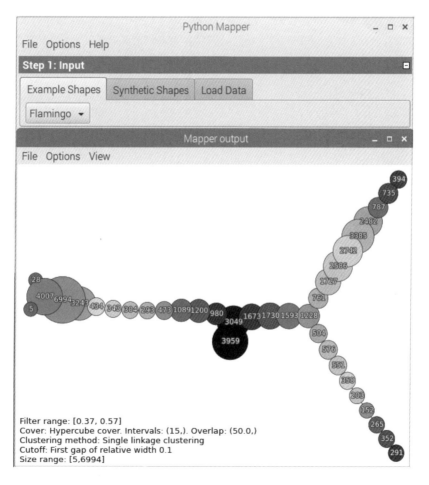

Filter range: [0.37, 0.57]
Cover: Hypercube cover. Intervals: (15,). Overlap: (50.0,)
Clustering method: Single linkage clustering
Cutoff: First gap of relative width 0.1
Size range: [5,6994]

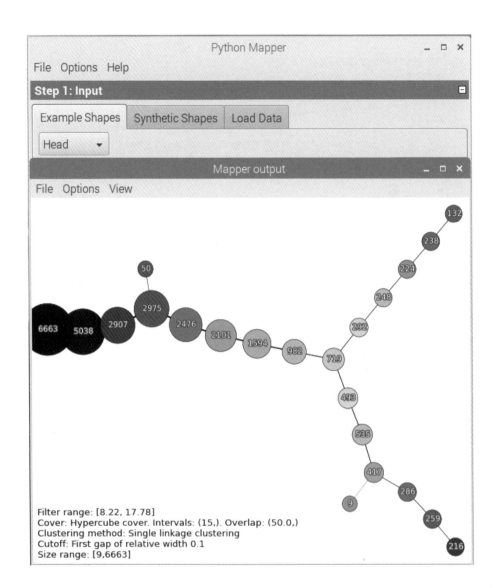

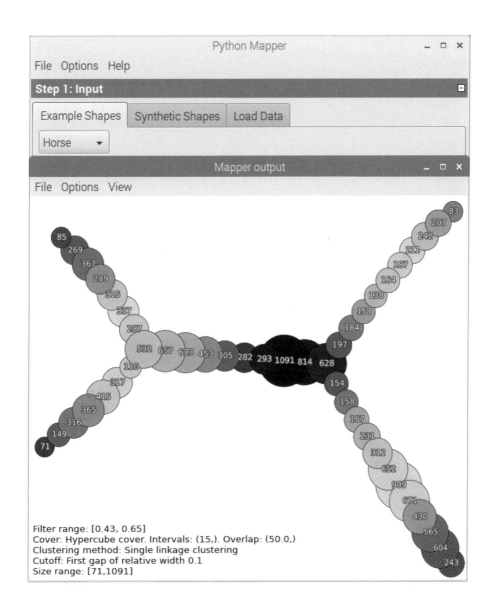

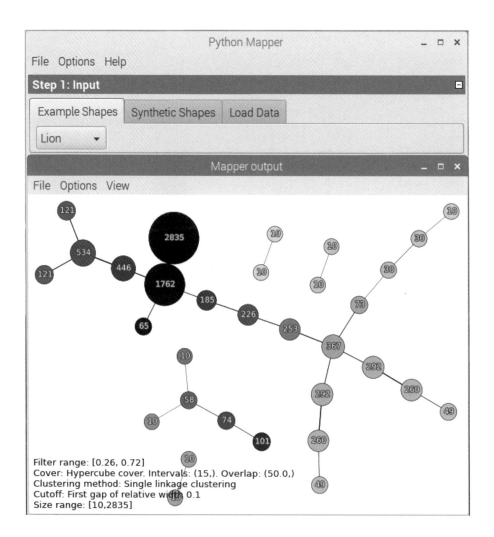

참고문헌

[1] 네이선 야우, "Visualize This", 에이콘출판사.

[2] 마이클 맥캔들리스, 에릭 해쳐, 오티스 고스포드네티치 공저/강철구 역, "루씬 인 액션: 고성능 오픈소스 자바 검색엔진(개정판)", 에이콘출판사.

[3] 서진수, "R라뷰 – R을 활용한 데이터 분석 입문편", 도서출판 더알음.

[4] 이재상, 표윤석, "라즈베리파이 활용백서", 비제이퍼블릭.

찾아보기

저자 소개

차병래

1995	호남대학교 수학과(학사)
1997	호남대학교 컴퓨터공학과(석사)
2004	목포대학교 컴퓨터공학과(박사)
2005~2009	호남대학교 컴퓨터공학과 전임강사
2009~현재	광주과학기술원 전기전자컴퓨터공학부 연구조교수
2012~현재	제노테크(주) 대표이사

차윤석

2014	고려대학교 컴퓨터정보학과(학사)
2015~현재	제노테크(주) 기업부설연구소 연구원

박선

1996	전주대학교 전자계산학과(학사)
2001	한남대학교 정보통신학과(석사)
2007	인하대학교 컴퓨터정보공학과(박사)
2008~2010	호남대학교 컴퓨터공학과 시간/전임강사
2010~2013	목포대학교 정보산업연구소 연구교수
2013~현재	광주과학기술원 NetCS연구실 연구교수
2017~현재	제노테크(주) 기업부설연구소 연구소장

김종원

1994	서울대학교 제어계측공학과(박사)
1994~1999	공주대학교 전자공학과 조교수
1997~2001	미국 University of Southern California, EE-Systems Dept. 연구조교수
2001~현재	광주과학기술원 전기전자컴퓨터공학부 부교수 / 교수
2008~현재	광주과학기술원 슈퍼컴퓨팅센터 센터장

Big-π3을 이용한 오픈소스 프로그래밍

초 판 인 쇄 2018년 3월 26일
초 판 발 행 2018년 3월 30일

저　　　자 차병래, 차윤석, 박선, 김종원
발　행　인 문승현
발　행　처 GIST PRESS

등 록 번 호 제2013-000021호
주　　　소 광주광역시 북구 첨단과기로 123, 행정동 207호(오룡동)
대 표 전 화 062-715-2960
팩 스 번 호 062-715-2969
홈 페 이 지 https://press.gist.ac.kr/
인쇄 및 보급처 도서출판 씨아이알(Tel. 02-2275-8603)

I S B N 979-11-952954-6-3 93560
정　　　가 20,000원